KB041323

초등학생이
가장 궁금해하는
구리구리 똥
이야기 30

초등학생이 가장 궁금해하는
구리구리 똥 이야기 30

2014년 6월 20일 초판 1쇄 발행

지은이 | 노하선
그린이 | 우디 크리에이티브스
펴낸이 | 한승수
마케팅 | 심지훈
편집 | 고은정, 이다연, 유다현
디자인 | 우디

펴낸곳 | 하늘을나는교실
등록 | 제395-2009-000086호
전화 | 02-338-0084
팩스 | 02-338-0087
E-mail | hvline@naver.com

ⓒ 노하선 2014

ISBN 978-89-94757-12-4   64400
ISBN 978-89-963187-0-5(세트)

* 책값은 뒤표지에 있습니다.
* 잘못된 책은 구입처나 본사에서 바꾸어 드립니다.

초등학생이 가장 궁금해하는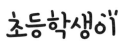

구리구리 똥
이야기 30

노하선 지음
우디 크리에이티브스 그림

똥싸개 고봉민과
빠지직 전기 똥

똥은
뭐니뭐니 해도
누리끼리한
색깔이 최고지!

똥 세상에선
색깔 자랑할 게
못 되네.

누리끼리 똥,
네가 왕이다.

하늘을 나는교실

 ■머리말■

똥, 안녕?

오늘 똥 잘 눴니? 으응? 뭐라고? 왜 하필 더럽게 똥 이야기를 하느냐고? 똥을 보여 준 것도 아니고 단지 똥 얘기만 했을 뿐인데 코를 쥐어 틀어 막고, 얼굴을 찡그리 네. 못 볼 것을 봤다는 듯 고개를 획 돌려 버리는 친구까지 있군!

하기야 친구들과 이렇게 똥 이야기로 인사를 나누는 사람은 이 세상에 아 무도 없을 거야. 똥이 더럽다고 생각할 테니까 말이야. 그런데 사실 똥 은 아무 짝에도 쓸 데 없이 그저 더럽기만 한 건 아니야. 오히려 우리 가 살아가는 데 아주 중요한 일을 하고 있어.

구린내 나는 똥이 무슨 중요한 일을 하냐고? 모르는 말씀! 똥을 잘 누는 것은 밥을 잘 먹는 것만큼이나 중요해. 우리가 먹은 음식은 몸에 필 요한 성분을 흡수하고 남은 찌꺼기는 똥으로 내보내. 그런데 이 찌꺼기를 말 끔히 내보내지 않으면 몸에 병이 나. 그러니까 똥을 잘 누었냐는 인사는 먹은 음식을 잘 소화시키고 남은 찌꺼기는 시원하게 잘 버렸냐고 묻는 셈이지. 그 러니 이보다 정감 어리고 알뜰살뜰한 인사가 어디 있겠니?

그런데 똥 인사를 제대로 하려면 자기 똥에 대해서 잘 알고 있어야 해. 잘 누는 것도 중요하지만 어떤 똥을 누었는지도 중요하거든. 변기의 물을 내리 기 전에 자기가 눈 똥의 색깔은 어떤지, 물기가 많은지 적은지, 모양은 어떤지 자세히 살펴봐. 매일 누는 똥이지만 매번 다르다는 데 놀랄 거야. 날마다 누는 똥의 모양이 다른 건 자신의 몸 상태가 변하기 때문이야. 안 좋은 걸 먹거나 몸 상태가 안 좋으면 바로 똥에서 나타나거든. 조선 시대 임금님도 자신의 똥 을 주치의인 내의원에게 보여 건강에 문제가 없는지를 늘 살피도록 했어. 똥의 안부를 묻는 건 결국 자기 몸의 안부를 묻는 것이라는 걸 알겠지!

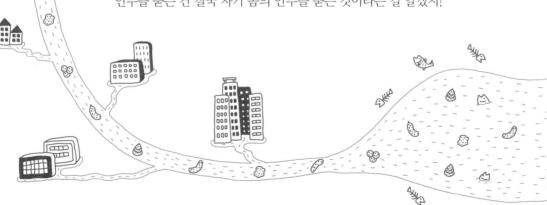

똥의 중요성은 우리 몸의 건강 상태를 알려 주는 신호등이라는 것 외에도 많아. 우리가 눈 똥에는 생각보다 많은 영양 성분이 들어 있어. 그래서 옛날 제주도에서는 돼지를 사람의 똥을 먹여서 키웠어. 사람 똥에 얼마나 영양 성분이 많으면 돼지가 똥을 먹고 통통하게 살이 쪘겠어. 그런데 똥은 김이 모락모락 나는 채로 곧바로 다른 동물의 먹이가 되기도 하지만, 미생물에 의해 발효되면 아주 훌륭한 식물의 먹이가 돼. 그렇게 발효된 똥을 먹고 무럭무럭 자란 토마토며 딸기며 수박을 우리가 다시 맛있게 먹게 되는 거지.

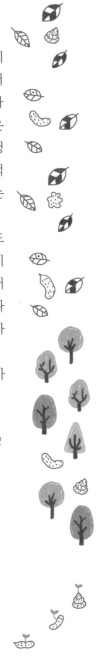

똥의 변신은 여기서 그치지 않고 공원의 가로등을 밝히는 전기가 되기도 하고, 바이오 에너지가 되어 환경을 지키기도 하지. 이렇게 쓸모 있는 똥이 천덕꾸러기처럼 정화조나 분뇨 처리장에서 오염 물질로 취급 받으며 썩어 가는 건 참 안타까운 일이야. 우리가 조금만 똥에 대해 관심을 갖고 대한다면 똥은 구리구리 냄새나는 모습을 벗고 훨씬 멋진 모습으로 우리에게 다가올 거야.

그러니 오늘부터는 똥을 눈 다음 똥을 들여다보며 "똥, 안녕?" 하고 인사를 나누면 어떨까?

2014년 6월 첫째 주 채송화 화분에 닭똥 거름을 주며, 오하선

■차례■

똥을 똥이라 불러라!

히야~, 후보 2번 참 잘생겼다.

잘생기면 뭐해. 후보 1번이 우리의 권익을 잘 살려 줄 것 같아.

젊은이들 얘길 절대 엿들은 건 아니네만 후보 3번이 당당해 보여서 좋구먼.

그런가요

지금부터 후보 1번, 자연똥 님께서 연설을 하시겠습니다. 자, 박수~♪

무슨 의원 후보가 밀짚모자를 다 썼대.

히히~, 이름이 자연똥이 뭐야? 자연풍도 아니고.

후보 1번 자연똥입니다.

우리는 자연에서 왔으므로 자연으로 돌아가 거름이 되어야 합니다.

그런데 우리 똥 중 대부분은 썩지도 못하고 물에 쓸리거나 불에 타서 세상을 더럽히며 살고 있습니다.

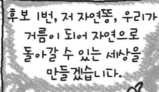

후보 1번, 저 자연똥, 우리가 거름이 되어 자연으로 돌아갈 수 있는 세상을 만들겠습니다.

예예, 좀 시골 냄새 나는 연설이었습니다. 다음은 후보 2번, 건강똥 님의 연설이 있겠습니다.

후보 2번 건강똥입니다.

의사가 의원까지 하려나 봐.

내가 몸이 좋지 않은데 연설 끝나면 진료해 달라고 할까 봐.

우리는 건강의 신호등과 같은 존재입니다.

몸이 얼마나 건강한 상태인지 우리 똥의 모양, 냄새, 색깔, 찰기 등을 통해서 알려 주기 때문이죠.

찍어 먹어 봐야 알지!

하지만 사람들은 똥을 누고도 똥을 당초 들여다보지 않습니다.

사람들이 우리 똥을 따뜻한 눈으로 바라볼 수 있는 세상을 만들겠습니다.

예예. 좀 병원 냄새 나는 연설이었습니다. 다음은 후보 3번, 홍길똥 님의 연설이 있겠습니다.

후보 3번 똥 중의 똥, 홍길똥입니다.

뭐야? 무협영화 찍나?

똥인 게 뭐 그렇게 자랑이야? 똥 중의 똥은 또 뭐람?

똥인 것에 대한 자부심이 살아 있구먼.

사람들은 똥을 똥이라 부르지 못합니다.

아버지를 아버지라 부르지 못하고 형을 형이라...

똥이란 말을 입에 올리면 부끄럽고 더럽다고 생각하기 때문이죠.

웅성 웅성

부끄럽고 더럽다니 그렇게 말하는 사람이 누꼬?

세상에 똥 안 누는 사람 있으면 나와 보라고 해.

그래서 대변이니, 응가니, 뒤니, 매화니, 되나지니 하며 다른 말로 부르고 있죠.

저건 똥이 아녀. 거시기여.

하지만 우린 부끄럽거나 더러운 존재가 아닙니다.

기다려!

우린 세상의 당당한 한 구성원이기 때문이죠.

그러니 우리 똥은 마땅히 똥이라 불려야 합니다.

나는 똥이다!

또한 우리를 알면 알수록 세상이 얼마나 흥미진진해지는지 사람들에게 알리겠습니다.

똥개그콘서트

예예, 좀 화장실 냄새 나는 연설이었습니다. 하지만 어쩐지 향기롭군요.

다 맞는 말인데 누굴 뽑지?

똥을 똥이라고 부르는 이유는?

똥을 왜 하필이면 '똥'이라고 부를까? 그건 똥을 눌 때 똥이 떨어지는 소리에서 생겼다고 해. 똥이 떨어지며 '똥!' 하는 소리를 낸다는 거지. 뭐? 똥이 '똥!' 하고 떨어지는 소리를 들어본 적이 없다고? 그야 당연하지. 이 똥 하는 소리는 옛날 재래식 화장실에서만 들을 수 있는 소리였거든. 오늘날의 화장실은 변기의 깊이가 얕아 똥이 변기 바닥에 떨어지는 거리가 짧지만 옛날 화장실은 똥통의 깊이가 깊어서 똥이 뒷간 바닥에 떨어지는 거리가 꽤 긴 편이었지. 그래서 똥을 눴을 때 똥이 똥통 바닥에 떨어지면서 먼저 눈 똥물에 풍덩 빠지는 소리가 '똥' 하는 소리로 또렷이 들렸던 거야.

똥 떨어지는 소리를 가지고 이름을 지었다니 좀 이상하다고? 그렇지 않아. 뻐꾸기가 뻐꾹뻐꾹 하고 운다고 새 이름을 뻐꾸기라고 하고, 소쩍새는 소쩍소쩍 하고 운다고 소쩍새라고 한 것과 같은 이치인데, 똥이 '똥' 하고 떨어진다고 똥이라고 했다고 이상할 건 없잖아. 그러니까 똥이라는 이름은 똥이 떨어지는 소리를 본떠 정한 거란다. 오늘부터 똥을 눌 땐 똥이 떨어지는 소리를 잘 들어 보렴! 혹시 아니? 똥이 떨어지면서 '똥' 하고 자기 이름을 부르며 떨어질지도 모르잖아?

옛날 화장실

똥을 부르는 다른 이름들

똥의 이름은 당연히 똥이야. 그런데 똥을 똥이라고 부르는 사람은 그렇게 많지 않아. 똥을 다른 식으로 부르는 경우가 대부분이지. 예를 들면 어린아이들의 똥은 '응가'라고 해. 또 '찌'라는 말도 있어. '뒤가 마렵다.'는 말은 '똥이 마렵다.'는 것을 달리 표현한 말인데, 뒤쪽 즉 엉덩이에서 뭔가 나올 것 같은 느낌이 든다는 뜻이야. 그리고 똥을 부르는 다른 이름인 대변(大便)은 큰 똥이라는 뜻의 한자어인데, 일본에서 온 말이야. 대변이 똥이라면 소변은 오줌의 다른 말이지.

또 '분뇨'는 똥과 오줌을 아울러 일컫는 말이야. 특별히 임금님의 똥은 '매화' 또는 '매우'라고 불렀어. 임금님의 똥을 매화라는 꽃에 비유한 거야. 산삼을 캐는 심마니들은 똥도 그냥 똥이라고 하지 많고 '되나지'라고 불러. 산에서 삼을 발견하면 '산삼 봤다.'라고 하지 않고 '심봤다.'라고 말하는 것처럼 말이야. 그리고 아주 오래된 똥의 화석을 '분석'이라고 해.

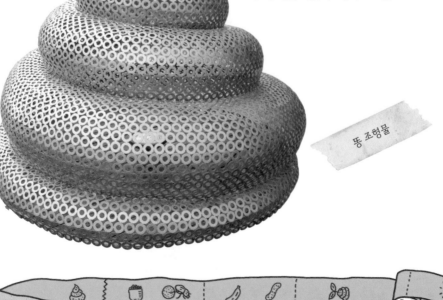

똥 조형물

딱딱하게 화석이 된 똥, 분석

오랜 세월이 흘렀는데도 사라지지 않고 남아 있는 똥이 있어. 그런 똥이 어디 있냐고? 있지. 그건 똥 화석인 분석이야. 삼엽충 화석이나 암모나이트 화석, 공룡 화석 같은 건 들어봤어도 똥 화석은 처음 들어본다고? 똥은 미생물이 분해를 하고, 분해된 똥은 식물이 먹어 없애 버리니 오랜 시간이 지나도록 똥이 남아 있을 리 없다고 생각하는 게 당연해. 게다가 똥은 물기가 많아 질퍽한 편이어서 딱딱한 돌처럼 굳어진다는 건 상상하기 힘든 일이지. 하지만 똥이 물기가 잘 말라서 굳은 채로 진흙 속에 묻히고 그 위에 흙 등이 쌓이고 쌓여 오랜 세월을 견디면 똥은 딱딱한 돌처럼 굳어져 화석이 된단다. 똥 화석을 잘 살펴보면 똥 화석의 주인이 공룡인지 물고기인지 아니면 순록인지 알아낼 수 있어. 그뿐 아니라 똥을 눈 때가 언제인지, 무얼 먹고 눈 똥인지, 똥을 눈 동물의 창자 모양이 어떻게 생겼는지까지 알 수 있어. 이렇게 똥 화석 속에서 많은 정보를 찾아낼 수 있는 건 똥을 연구하는 과학자들이 똥 화석을 이루고 있는 성분을 하나하나 찾아보고 연구한 노력의 결과란다.

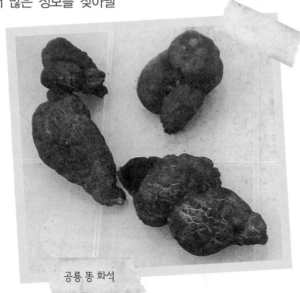

공룡 똥 화석

수박씨의 몸속 여행

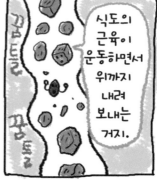

신맛이 나는 액체가 출렁거리고 있어.

여긴 위장이야. 이 액체는 음식물을 녹이는 위액이고.

몸이 타들어 가는 것 같아.

아이고, 난 여기서 끝이야. 꼬르륵.

꼬르륵

수박 조각아, 너 어딨니? 나랑 같이 가야지.

……

수박 조각이 위액 속에서 죽이 되어 버렸어.

여긴 정말 무서워. 이젠 친구도 없고.

꾸르륵 꾸르륵

으악~, 또 밑으로 떨어진다.

꾸르륵 꾸르륵

어이쿠!

쿵!

여기가 작은창자구나. 근데 누가 창자벽에다 글을 남겨 놓았네

여기는 작은창자. 희망을 잃지 말자!

누군가 여길 살아서 지나갔다면 나에게도 아직 희망이 있어.

불끈!

강력한 위액에서도 살아남은 나야. 이 정도 소화액에 당할 순 없지.

이 융털 덮인 주름이 소화도 시키고 영양분도 흡수하는구나.

여기부터가
큰창자인가 봐.
무사히
지나야
할 텐데.

꿈틀 꿈틀

껄쭉한 것들 속에 끼어
가서 몹시 답답해.

흡ㅎ 이게 무슨 냄새지?
야, 누가 매너 없이
아무데서나 방귀 뀌냐?

여긴 방귀가 만들어지는
곳이야. 그것도 모르냐?

아, 음식물이 분해되어
똥이 되면서 지독한 냄새가
생긴다고 했지. 그럼 넌
똥이겠구나?

이게 누구더러 똥이래.
나 아직 소화 안 된
콩나물이거든.

알았어. 미안, 미안. 그런데
여기가 큰창자면 곧 밖으로
나갈 수 있다는 건데….

나가기 전에
수분을 다 빨려
껍데기만
남지 않도록
조심해.

큰창자에 수분이 막
빨리는데, 왜 이렇게
안 나가?

오, 장운동이 잘 되고
있어. 이 사람은
변비가 아닌가 봐.

꿈틀 꿈틀

야호~.
밖으로
나간다.

뿌지직

야호~,
날았다.

이제 똥을 거름 삼아
다시 싹을 틔워 볼까?

환경잘전문 똥구리 기자의 냄새 나는 취재 일기

입으로 들어간 음식물이 똥이 되어 항문으로 나오기까지

우리가 먹은 음식은 소화 기관에서 소화가 되고, 남은 찌꺼기는 똥이 되어 항문을 통해 나와. 하지만 우리가 직접 눈으로 볼 수 있는 건 입으로 들어가기 전의 음식물 상태와 몸 밖으로 나온 후의 똥 상태 두 가지뿐이지. 그렇다면 입으로 들어간 음식물이 어떻게 똥이 되어 나오는지 알아볼까?

입
이로 음식물을 씹어 잘게 부숴. 침샘에서 나온 침은 씹은 음식을 부드럽고 삼키기 쉬운 상태로 만들어. 침 속에는 탄수화물의 소화를 돕는 소화효소인 아밀라아제가 있거든.

위
식도에서 내려온 음식물을 소화시키는 곳이야. 위액 속에는 소화 효소인 펩신과 염산이 들어 있어서 단백질을 분해시킬 뿐만 아니라 음식물 속에 들어 있던 세균도 죽이는 역할을 해.

십이지장
작은창자의 시작 부분에 있으며, 쓸개즙과 이자액 같은 소화 효소를 분비하여 영양분을 소화시켜.

직장
큰창자의 끝부분에 있어. 직장에 찌꺼기가 가득 차면 항문으로 내보내.

식도
입에서 잘게 쪼개진 음식물이 넘어와 위로 가는 중간 통로인데, 연동 운동에 의해 음식물을 아래로 내려 보내.

작은창자
십이지장에서 내려온 음식물에서 영양분을 흡수하는 곳이야. 소화 효소가 분비되는 데다 융털로 덮인 쭈글쭈글한 주름이 있어서 영양분을 쉽게 빨아들일 수 있어.

큰창자
작은창자를 지나온 음식 찌꺼기에서 수분을 흡수해. 이곳에서는 흡수되고 남은 찌꺼기가 분해되면서 방귀가 생기기도 해.

항문
모두 잘 알고 있듯이 똥이 나오는 구멍, 즉 똥구멍이야. 뿌지직!

17

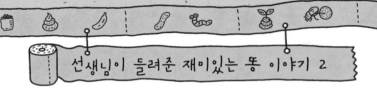
우리 똥에 들어 있는 많은 것들

화장실에 가서 똥을 누고 난 다음엔 물을 내리기 바쁘지. 하지만 똥 속엔 과연 무엇이 들어 있을까 하고 조금은 엉뚱한 궁금증이 생긴 적도 있을 거야. 그렇다고 해서 나무젓가락을 들고 똥을 헤집어 볼 수도 없는 일이잖아? 똥은 냄새도 지독하고 더럽다는 생각을 할 테니까 말이야. 하지만 몹시 궁금한 나머지 똥을 헤집어 보더라도 별 수확은 없을 거야. 눈으로 확인할 수 있는 것은 고작해야 누런 반죽 속에 콕콕 박혀 있는 어제 먹은 콩나물 대가리나 소화가 덜 된 옥수수 알갱이, 아니면 고춧가루 정도일 테니까. 뭐라고? 생각만 해도 더러워서 속이 메슥거린다고? 똥이란 건 소화가 되고 남은 음식물 찌꺼기니만큼 떠올리는 것조차 지저분하다는 생각이 드는 건 어쩔 수 없는 일이야.

하지만 똥에 음식물 찌꺼기만 들어 있는 게 아니야. 우선 물이 70~80퍼센트 이상으로 가장 많아. 그리고 나머지는 소화 흡수가 안 된 영양소, 섬유질, 죽은 세포, 백혈구 같은 게 차지하고 있어. 또 박테리아, 세균, 미생물도 우글우글하지. 게다가 세상에나! 사람 몸속에 기생하는 기생충과 기생충 알까지 들어 있어. 회충, 갈고리촌충 같은 징그러운 벌레 말이야. 그러니 똥 누고 나서 손을 꼭 씻어야 한다는 건 말 안 해도 잘 알겠지?

똥의 색깔은 어떻게 만들어질까?

사람 똥의 색깔은 보통 살짝 노란색을 띠는 갈색이야. 황갈색이지. 똥의 색깔이 황갈색인 이유는 쓸개즙 때문이야. 음식물의 소화를 돕는 소화액 중 하나인 쓸개즙은 간에서 생겨나서 쓸개에 머물러 있다가 십이지장으로 나오는데, 이 쓸개즙의 색깔이 똥 색깔과 비슷한 갈색이야. 살짝 녹색을 띠는 녹갈색이지. 쓸개즙이 작은창자와 큰창자를 지나면서 조금씩 분해되면서 똥의 색깔인 황갈색으로 변하지.

그런데 똥 색깔이 황갈색이 아닌 경우도 있어. 건강이 나빠지면 똥 색깔이 검거나 붉거나 푸르게 변해. 또 짙은 색깔의 음식을 많이 먹으면 색소가 다 소화되지 않아서 똥 색깔이 달라져. 토마토처럼 붉은 색깔의 음식을 먹으면 붉은색 똥, 시금치처럼 녹색 음식을 많이 먹으면 녹색 똥 등으로 말이야.

녹색 똥을 만드는 시금치

붉은색 똥을 만드는 토마토

수박씨와의 인터뷰

그래요? 그렇다면 똥을 좀 더 발라야겠네. 싼 지 얼마 안 된 똥이라 아주 신선해요. 냄새 좋죠?

아, 예, 뭐. 그렇다 치고요. 그럼 인터뷰를 시작할게요.

사람의 소화 기관을 통과해서 살아남은 소감이 어떠신가요?

'아이고, 이러다 더럽게 죽겠네'라는 말이 절로 나오더군요.

그만큼 더럽게 위험했다는 뜻일 텐데 구체적으로 어떤 위험들이 있었죠?

맨 처음 사람 입안에 들어갔을 땐 쉽게 빠져나올 줄 알았죠. 대부분의 사람들은 수박씨를 먹지 않고 뱉잖아요?

아~, 그런데 뱉지 않고 삼켰군요.

그냥 삼켰다면 말도 안 해요. 잘근잘근 씹는 이를 피해 이리저리 도망다닌 생각만 하면, 어휴ㅎ

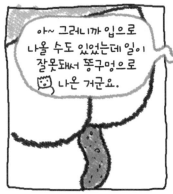
아~ 그러니까 입으로 나올 수도 있었는데 일이 잘못돼서 똥구멍으로 나온 거군요.

말도 참 밉살맞게 하네.

위험은 거기서 끝나지 않았어요. 위 속에 들어갔을 때 강한 위산이 나와 하마터면 녹아 버릴 뻔했어요.

저와 수박 조각이 들어가는 순간, 위가 어쩌나 요동치는지 어지러워서 죽는 줄 알았다니까요.

21

왜 하필 그 순간 위가 꿈틀꿈틀 요동쳤을까요?

꿈틀 올라 정신이 없어 보인다

콩나물이 그러는데 반사가 일어나기 때문이래요.

위에 음식물이 들어오자 자극을 받아 저절로 움직였다는 말씀이군요.

이렇게!

장에 들어갔을 때도 장이 어찌나 꿈틀대는지. 물론 그 덕에 똥구멍까지 밀려 나와 살아났지만요.

그럼 마지막 고비인 큰창자에선 어떤 일이 있었죠?

수분을 쪽쪽 빨려서 몸이 쪼글쪼글해지는 기분이 들었죠.

그런데 어떻게 이렇게 팽팽한 얼굴로 살아 나오셨죠?

그건 제 몸의 껍질이 워낙 단단한 데다가 반지르르하게 코팅까지 되어 있는 덕이죠.

똥 물은 얼굴로 잘난 척하기는!

그렇다 하더라도 큰창자의 똥 속에 오래 있으면 정말 더럽고 냄새가 나서 우울증에 걸릴 위험도 있었을 것 같은데요?

처음엔 저도 더러워 죽을 뻔했는데, 조금 먹어 보니까 이게 맛이 괜찮더라고요. 영양가도 제법 있고요.

우물 우물

음~, 그 느낌 저도 압니다.

똥 먹고 싶다.

그럼 더럽게 죽을 뻔했다가 똥에서 새로운 맛을 느낀 수박씨 님과의 인터뷰를 마치겠습니다. 지금까지 화장실신문 똥구리 기자였습니다.

음식물이 똥이 되어 나오는 원리

똥을 항문 밖으로 내보내는 것을 배변이라고 해. 쉽게 말해 똥을 눈다는 뜻이지. 우리는 어떻게 똥을 눌 수 있을까? 그야 변기에 앉아 아랫배에 힘을 팍 주면 똥을 눌 수 있는 거라고 말해도 되지만 그것이 똥을 눌 수 있는 원리에 대한 충분한 설명은 될 수 없어. 잘 들어 봐!

텅 빈 위 속으로 갑자기 음식물이 들어가면 위는 자극을 받겠지? 위가 자극을 받으면 활발하게 움직이기 시작해. 위의 근육이 오그라들었다 펴지기를 반복하면서 위로 들어온 음식물을 장으로 밀어 보내지. 영양분이 빠져나간 음식물 찌꺼기가 직장까지 밀려와 꽉 차면 이젠 괄약근이 활동할 차례야. 계속해서 항문을 꽉 조이고 있던 괄약근이 자극을 받아 근육을 느슨하게 펴는 반응을 보이는 거야. 이렇게 자극을 받아서 활발하게 움직이는 것을 반사라고 해. 반사 중에서도 특히 직장이 자극을 받아 괄약근의 활동이 활발해지는 것을 배변 반사라고 한단다.

자극을 받아 똥을 나오게 하는 배변 반사는 대뇌가 아닌 척수에서 신호를 보내. 마치 뿅망치로 무릎을 뿅 하고 때렸을 때 생각하지도 않았는데 무릎이 쑥 올라가는 것처럼 말이야. 그래서 우리가 똥을 누고 싶다는 생각이 드는 순간에는 이미 몸에서는 똥이 나올 준비가 자동적으로 되어 있다는 거야. 그리고 아무리 괄약근에 힘을 주고 참으려 해도 몸에서 이미 일어난 배변반사를 막는 데는 한계가 있지. 똥이 마려운데 화장실을 못 찾아서 괴로워해 본 친구들이라면 이 기분 다 알걸!

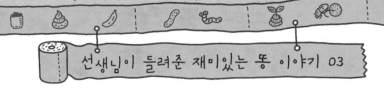

똥은 배설물이 아니라 배출물이라고?

배출이란 음식물이 소화관을 지나면서 소화가 되고 남은 음식물 찌꺼기인 똥을 항문 밖으로 내보낸다는 뜻이야. 그렇다면 땀을 몸 밖으로 내보내는 것은 뭐라고 할까? 또 오줌을 몸 밖으로 내보내는 것은 뭐라고 하지? 땀과 오줌을 내보내는 것은 배변이 아닌 배설이라고 해. 쉽게 말해 땀을 흘리고 오줌을 눈다는 뜻이지. 강아지를 데리고 산책을 나갔다가 강아지가 똥을 싸면 어떻게 해야 하지? 그땐 잽싸게 준비해 온 비닐봉지와 휴지로 똥을 치워야 하겠지? 그런데 이때 만약 "내가 강아지 배설물을 치웠어."라고 한다면, 엄밀히 말해서 그건 틀린 표현이야. "내가 강아지의 배출물을 치웠어."라고 하거나 "내가 강아지의 똥을 치웠어."라고 해야 하는 거지.

똥이 나오는 것과 땀, 오줌이 나오는 것은 모두 몸 안에서 필요치 않은 것이 몸 밖으로 나온다는 공통점이 있지만 몸 밖으로 나오는 내용물과 나오는 부위가 다르다는 차이점도 있단다. 똥은 소화가 되고 남은 찌꺼기가 나오는 것이고, 땀과 오줌은 몸속 노폐물과 물, 그리고 소금이 몸 밖으로 나오는 것이야. 여기에 더해서 똥은 항문을 통해 나오고, 땀은 땀구멍을 통해 나오며, 오줌은 요도를 통해 나온단다.

강아지 배변 훈련

강아지를 키우려면 배변 훈련부터 시켜야 해. 강아지가 아무 데나 똥을 싸고 돌아다닌다면 집은 온통 강아지 똥 냄새로 진동하고 말겠지. 강아지 배변 훈련에서 가장 중요한 것은 강아지가 똥을 쌀 곳을 정해 주는 거야. 즉 강아지의 화장실을 마련해 주는 거지. 그 다음은 강아지의 행동을 유심히 관찰해야 해. 강아지가 똥이 마려울 때 보이는 행동이 어떤 것인지 살피는 거지. 갑자기 코를 바닥에 대고 냄새를 맡거나 주위를 이리저리 돌면서 똥 눌 장소를 찾는 것 같으면, 바로 미리 똥 누도록 정해진 곳으로 옮겨 주어야 해. 강아지가 무사히 정해진 장소에서 똥을 눴다면 칭찬을 해 주거나 맛난 간식으로 보상을 해 주는 것이 중요하지. 그런데 만일 다른 곳에 똥을 쌌다면? 혼을 내야겠지만, 너무 심하게 혼내면 훈련의 효과가 반으로 줄어들어. 강아지도 혼을 내면 스트레스를 받거든. 그리고 똥 냄새가 배면 다시 그 자리에 똥을 눌 수 있으니 다시는 냄새가 나지 않도록 깨끗하게 치워 주어야 해.

개의 배변 훈련

멋진 똥 누기 대회

자~, 지금부터 멋진 똥 누기 대회를 시작하겠습니다.

세상에~ 먹기 대회면 몰라도 똥 누기 대회는 또 뭐야. 구린내 나게시리.

무슨 소리. 먹는 것만큼이나 싸는 것도 중요하다고요.

선수들 똥 쌀 준비되셨지요? 제가 출발을 외치면 뒤에 있는 화장실로 들어가 똥을 싸시면 됩니다. 20분 내에 똥 싸기를 마무리하여야 하며, 똥의 색깔, 점도, 냄새 등을 종합하여 우승자를 결정합니다.

아, 그런데 1번 선수, 뭔가 좀 이상하군요.

벌써부터 똥이 마려운 모양입니다.

아무래도 서둘러 시작해야겠어요. 출발~♪

1번 선수, 번개 같은 속도로 화장실로 들어갔습니다.

①

탁!

①

뿌지지직~!

우우~, 저런ß

쯧쯧쯧, 바지는 제때 내렸나 몰라.

이게 원일입니까? 1번 선수 엄청 급했는지 문 닫히기가 무섭게 똥을 눴군요. 이건 뭐 똥을 눴다기보다는 똥을 내깔겼다는 표현이 맞을 것 같군요.

저건 소화가 채 안 된 채 나온 설사똥이로군요.

예, 곧이어 3번 칸 선수가 빨간 똥을 누었네요.

③

삐지직!

무슨 빨간 똥이 다 있대?

고춧가루가 든 음식을 많이 먹었나?

저거 피똥 아니야?

여러분~, 너무 시끄럽게 떠들면 나오던 똥도 다시 들어갈 수가 있습니다. 제발 조용 조용ß

빨간 똥과 동시에 6번 칸 선수가 똥을 누었네요.

⑥

쑤욱~

아~, 예ß 저건 누런 바나나똥이군요.

제가 바나나를 참 좋아하는데요~. 저 똥은 어쩐지 똥 냄새가 안 날 것 같습니다. 과연 어떨까요?

누런 똥을 너무 편애하시는 건 아니에요?

그렇게 똥이 좋으면 한 숟가락 퍼 먹든가ß

조용, 조용히 하십시오. 5번 칸 선수가 똥을 넜는데도 시끄러워서 아직 말을 못하잖아요.

예, 색깔도 고운 푸른똥이군요. 마치 푸른 초원을 누비다 온 것 같습니다.

4번 칸 선수가 5번 칸 선수보다 똥을 먼저 쌌어요. 검은 똥이요.

아, 관중분 말씀대로 염소 똥처럼 까만 똥이 나왔군요.

그런데 2번 칸은 왜 똥이 안 나오죠? 혹시 똥 누다가 잠든 거 아닐까요?

끄응~, 잠깐만 기다리세요. 곧 나오려고 해요.

끙끙

예, 마감 시간이 얼마 남지 않은 가운데 2번 칸 선수, 아주 힘겹게 똥을 누고 있네요.

저거 저거 변비구먼.

똥을 못 싸면 실격 아닌가요?

아침에 유산균 음료라도 먹지 그랬어.

고구마과장 잘나와변비약 신이성유음료 바나나

자, 5초 남았습니다.

오, 나, 남, 이···.

똥!

2번 칸 선수, 시간 내에 똥을 누었습니다만 안타깝게도 된똥 한 덩이군요.

오늘 멋진 똥 누기 대회의 우승자는요.

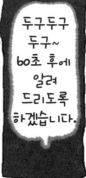

두구두구 두구~ 60초 후에 알려 드리도록 하겠습니다.

28

건강한 똥의 냄새와 찰기

똥 하면 지독한 냄새부터 떠오르지. 코부터 틀어막게
되는 썩은 듯한 똥 냄새 말이야. 그런데 그거 아니? 건강한
사람의 똥은 지독한 냄새가 나지 않는다는 거. 그러니까 똥이 구리
지 않다는 건 그만큼 건강하다는 증거라는 말씀!

건강한 똥은 똥의 찰기도 남다르지. 그럼 죽처럼 묽게 팍 퍼지는 똥과 돌처
럼 딱딱하게 굳은 똥, 이 둘 중에서 누가 더 건강할까? 정답은 묽은 똥도 아니
고 딱딱한 똥도 아니야. 둘 다 건강하지 않은 똥이라는 얘기지. 왜냐고?

우선 묽은 똥은 다른 똥에 비해서 똥에 물기가 너무 많다는 게 문제야. 똥에
물기가 많다는 건 큰창자에서 수분이 거의 흡수되지 않았다는 뜻이야. 몸이 썩
좋지 않을 때 이런 똥을 싼단다.

그리고 딱딱한 똥은 묽은 똥과는 반대로 똥에 물기가 너무 적다는 게 문제
야. 똥에 물기가 적다는 건 묽은 똥과는 반대의 이유로 생기는 거겠지? 그래!
큰창자에서 수분이 너무 많이 흡수되었다는 말이야. 섬유질이 적은 음식을 많
이 먹거나 다이어트를 한다고 음식을 너무 적게 먹기 때문에 생기는 경우가 많
아. 이 경우에는 똥이 몸 밖으로 쉽게 빠져나가지 못하고 큰창자에 너무 오래
머물러서 변비가 되기 쉽단다. 정말 괴로운 일이지.

결국 건강한 똥이란 똥의 찰기가 질지도 않고 되지도 않고 적당하다는 것!

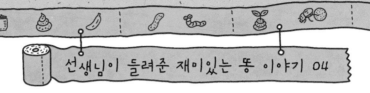

건강한 똥의 모양과 색깔

어떤 모양의 똥이 가장 건강한 똥일까? 건강한 똥은 열대 과일 중 하나와 닮았어. 그게 뭘까? 벌써 눈치챘구나! 맞아! 바나나 모양의 똥이 가장 건강한 똥이란다. 모양을 만들지 못해 형태가 거의 없는 묽은 똥은 자칫 항문이 헐기 쉽고, 바짝 마르고 작은 모양의 딱딱한 똥은 잘못하면 항문이 찢어질 수 있어. 하지만 매끈하고 길쭉하면서 통통한 바나나처럼 생긴 똥은 항문에 자극을 주지 않고 미끄러지듯이 쑤욱~ 빠져나올 수 있는 가장 바람직한 모양이야.

바나나똥은 모양뿐 아니라 색깔까지 아주 바람직하단다. 색깔은 바나나처럼 누리끼리한데, 이건 창자에서 우리 몸에 필요한 영양분을 쏙쏙 잘 빨아먹었다는 뜻이거든. 똥의 색깔이 어떻게 만들어지는지에 대해선 2장에서 이야기했던 거 기억나지? 똥의 색깔이 누리끼리해지는 이유는 쓸개즙 때문이야. 쓸개즙의 색은 녹색을 띤 갈색인데, 이 쓸개즙이 장을 지나면서 분해되어 누리끼리하게 변하는 거야.

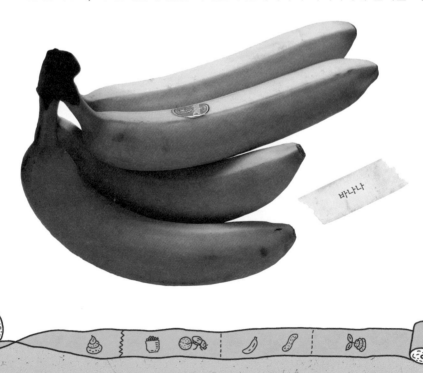

바나나

건강한 똥은 물에 뜰까, 가라앉을까?

건강한 똥은 물에 가라앉아. 똥을 누면 곧장 변기 바닥으로 퐁당 빠져 잠수한다
는 얘기지. 반대로 건강하지 못한 똥은 페트병처럼 변기 물 위를 둥실둥실 떠다녀.
똥이 물 위에 뜨는 이유는 똥 속에 가스가 많이 들어 있기 때문이야. 방귀를 뿡뿡
뀌게 만드는 음식을 너무 많이 먹으면 이런 일이 생겨. 콩이라든가 콜라 같은 탄산
음료, 사과·배 등의 과일, 양배추, 보리밥 같은 음식 말이야.

똥이 물 위에 뜨는 또 하나의 이유는 똥에 기
름기가 많이 섞여 있어서야. 이건 소화
되어야 할 기름기, 즉 지방이 똥에
섞여 그대로 나온다는 말이야. 그것
은 소화 기관에 뭔가 문제가 있다
는 거지. 가스가 들어 있는 똥은
가스가 생기게 하는 음식을 덜 먹
으면 해결되지만, 지방이 섞여 있는
똥은 소화 기관에 병이 난 것이니 꼭 치
료해 주어야 해.

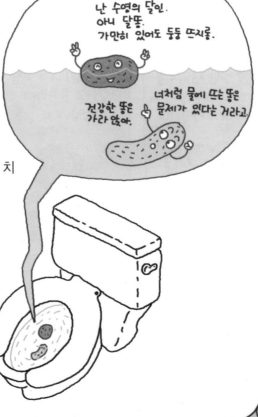

잘난 똥, 못난 똥, 이상한 똥

멋진 똥 누기 대회가 끝나고 3시간 후.

우리를 눈 똥 주인도 다 돌아가고 구경꾼도 다 돌아갔군.

쌌으면 책임을 져야지 치우지도 않고 그냥 가면 우리보고 어쩌란 거야? 이제 뭘 하지?

뭘 하긴? 일단 형 아우를 가려야지. 내가 제일 먼저 나왔으니 내가 형님이다.

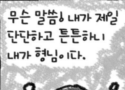

무슨 말씀? 내가 제일 단단하고 튼튼하니 내가 형님이다.

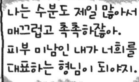

나는 수분도 제일 많아서 매끄럽고 촉촉하잖아. 피부 미남인 내가 너희를 대표하는 형님이 되야지.

낄낄낄~, 똥에 수분이 많다는 건 결코 자랑할 것이 못 돼. 넌 몸 안에서 서둘러 빠져나왔으니 미처 소화도 되지 못한 못난 똥이야.

뭐라고? 못난 똥은 내가 아니고 바로 너지. 무슨 염소 똥도 아니고 덩치도 쪼만한 데다가 거칠고 못생겼잖아.

그게 다 내가 주인의 몸 안에서 오랫동안 머물렀기 때문이야. 그만큼 귀하신 몸이란 말씀?

32

어어~, 귀하신 몸이라 수분을 쪽쪽 빨려서 그 모양으로 말라비틀어졌구나.

난 말라비틀어진 게 아니고 튼튼해진 거라고.

워워~, 그만들 싸워. 우리 같은 똥에 물기가 뭐 그리 중요하다고. 색깔이 예뻐야지.

뭐? 색깔?

날 봐? 보석 같은 색깔이잖아. 날 보면 루비를 보는 것 같지 않아?

루비는 무슨 얼어 죽을? 네 주인이 무식하게 빨간 토마토를 잔뜩 먹은 거 아니야?

아니면 몸 안에서 피가 나서 섞인 피똥이든가.

뭐 피똥? 그럼 우리 주인은 병원에 빨리 가 봐야겠네.

색깔도 색깔 나름이지. 빨간 피똥은 건강하지 못한 똥이지만 나 같은 푸른똥은 색깔부터가 건강해 보이잖아. 푸른 초원이 생각나지 않아?

혹시 네 주인이 초록색이 나는 시금치를 잔뜩 먹은 거 아니야?

그럼 우리 주인은 오징어 먹물을 잔뜩 먹었다는 소리야?

크크~ 맞다? 토마토를 먹으면 붉은 똥, 시금치를 먹으면 푸른똥, 오징어 먹물을 먹으면 검은 똥?

그런데 쟤는 왜 한 마디도 안 하지?

쟤 주인이 우승 트로피를 받았잖아. 자기 덕에 우승한 거라고 저렇게 거만 떠는 거겠지.

나는 거만 떠는 게 아니고 나 자신에 대한 자부심을 표현하는 거야. 난 아주 건강한 똥이거든.

웃기시네. 나 같은 된똥이나 푸른똥과 검은 똥이야말로 건강한 똥이라고.

노 노 노. 된똥, 푸른똥, 검은 똥 모두 건강하지 못한 똥이야.

어째서?

우선, 된똥은 주인이 변비일 가능성이 많고,

푸른똥은 아이가 몹시 놀랐을 때 누는 똥이고,

검은 똥은 식도나 위에서 피가 나서 누는 똥이야.

에이, 주인 잘못 만나 졸지에 병든 똥이 돼 버렸네.

그렇다고 그렇게 기죽어 있을 필요는 없어. 너희가 색깔로 너희 주인의 건강 상태를 알려 주지 않았다면 너희 주인은 자신의 몸에 생긴 문제를 알지 못했을 거야. 너희야말로 주인을 구한 충성스런 똥들이라고.

변비는 왜 생길까?

변비는 똥으로 나올 음식 찌꺼기가 큰창자에 너무 오래 머물러서 생기는 병이야. 큰창자는 물기를 흡수하는 역할을 하는 곳이라고 했잖아. 그런데 큰창자에서 음식 찌꺼기가 오랫동안 머물면 물기가 지나치게 많이 흡수돼 물기가 거의 없는 아주 딱딱한 똥이 되겠지? 이렇게 딱딱한 똥은 아무리 애를 써도 잘 눌 수가 없어. 이런 병을 변비라고 한단다. 똥의 양이 아주 적고 똥을 누는 횟수가 줄어도 변비라고 해. 또 똥이 마려울 때 똥을 누고 나서도 시원하지 않고 뭔가 찜찜하게 배 속에 남아 있는 느낌이 든다면 그것도 변비지.

왜 이런 병이 생기는 걸까? 그 이유는 간단해. 똥이 마려울 땐 바로 똥을 눠야 하는데 제때에 똥을 누지 않기 때문이야. 똥을 참더라도 나중에 다시 똥이 마려울 때 똥을 누면 되는 거지 무슨 상관이냐고? 그렇지 않아. 똥을 참아 버릇하면 똥이 마려워도 몸이 똥을 누기 힘든 상태가 돼. 즉 배변반사가 잘 이루어지지 않는다는 거지. 그땐 똥이 똥을 누기 힘든 사람더러 이렇게 말하겠지?

"그러게 내가 신호를 보낼 때 진작에 화장실에 갈 일이지."

먹는 음식도 변비의 원인이 될 수 있어. 햄버거나 치킨, 감자 튀김 같은 패스트푸드를 즐겨 먹거나, 식이섬유가 적은 음식을 먹으면 변비에 걸리기 쉽단다. 그리고 규칙적으로 식사를 하지 않아도 변비가 생기지. 이렇게 변비와 식생활은 아주 관련이 깊어. 또 변비는 움직이기 싫어하고 가만히 앉아 게임만 하거나 학교 성적에 대한 걱정 같은 스트레스를 많이 받는 사람이 걸리기 쉽지.

만일 지금 변비에 걸린 사람이 있다면 이렇게 해 봐. 변비에 좋은 음식을 잘 챙겨 먹고, 배 속에서 신호가 왔을 때 바로 화장실에 가고, 운동을 열심히 하고, 스트레스를 잘 풀어 주면 변비와 헤어질 수 있는 날이 곧 올 거야.

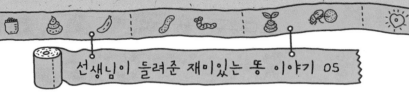

선생님이 들려준 재미있는 똥 이야기 05

흐물흐물 설사는 왜?

똥이 되어 나올 음식물 찌꺼기가 큰창자에 너무 오래 머물면 변비가 된다고 했지. 그와 반대로 똥이 되어 나올 음식물 찌꺼기가 지나치게 짧게 머물면 설사가 돼. 건강한 똥이 되어 나오려면 보통 장에서 하루 정도 머무는 데 비해 설사가 되어 나오는 데는 불과 1시간에서 2시간 정도밖에 안 걸려. 장에 머무는 시간이 짧으니 수분이 흡수될 새가 없겠지. 그래서 똥에 물기가 너무 많아 어떤 모양을 갖춘 똥 덩어리가 되지 못하고 흐물흐물한 물똥이 되는 거지.

좋아하는 음식을 맛나다고 지나치게 많이 먹으면 설사가 생겨. 밤에 잘 때 배를 차갑게 해도 마찬가지야. 여름에 덥다고 아이스크림을 너무 많이 먹으면 설사를 하기 쉽다는 거야. 또 배 속에 기생충이 있어도 설사를 할 수 있어.

한편, 병에 걸려서 설사가 나오기도 해. 이질이나 식중독, 콜레라에 걸렸거나 독버섯에 중독되었을 때, 독감이나 폐렴에 걸렸을 때도 설사가 나오지.

설사의 원인으로는 여러 가지가 있지만, 모두 장에 해로운 물질이 들어왔을 때 서둘러 몸 밖으로 내보내기 위한 반응이야. 그러니까 설사는 나쁜 놈을 몸에 오래 두지 않으려고 우리 몸이 나름대로 애쓰는 방법이야. 설사로 우리 몸을 지키려 하다니 건강을 유지하는 방법도 참 가지가지지?

중요한 건 뭐? 스피드! 나는야, 먹자마자 나오는 설사!

빠른 게 최고라니까 똥까지 속도를 자랑하네!

흐물 흐물

36

붉은똥, 검은똥, 푸른똥

똥 중에는 오미자처럼 붉은빛을 띠고 있는 것도 있어. 붉은빛이 고와서 건강한 똥이라고 생각하기 쉽지만 사실은 그 반대야. 포도주나 토마토처럼 붉은색의 음식을 많이 먹으면 붉은 똥이 만들어지지. 하지만 붉은색 음식을 먹은 것도 아닌데 붉은 똥을 눴다면 그건 피똥이란다. 피똥은 항문에서 피가 나거나 작은창자나 큰창자에 병이 생겼을 때 누는 똥이기 때문에 건강하지 못한 똥이야.

오징어 먹물처럼 검은색을 띠는 검은 똥은 머루포도 같은 검은색이 나는 음식을 많이 먹어서 누는 똥이야. 하지만 검은색 음식을 먹은 것도 아닌데 검은 똥을 눈다면 그것 역시 피똥이야. 식도나 위에서 피가 났을 때 생길 수 있는 똥이니까 검은 똥 역시 건강하지 못한 똥이지. 또 푸른똥은 시금치 같은 녹색 채소를 먹었을 때 누는 똥이야. 하지만 미끈미끈한 점액이 섞여 있는 푸른똥을 누면 건강에 이상이 생겼다는 증거니까 주의해야 해.

오빠! 뒷간 귀신이 진짜 있어?

똥 마려우면 저 혼자 가서 누지 왜 같이 가자고 난리야.

뒷간은 깜깜해서 무섭단 말이야.

전등이 있는데 뭐가 깜깜해.

뒷간에 혼자 가면 귀신 나온다고.

바보야, 귀신이 어딨어?

어제 엄마가 그랬어. 뒷간엔 뒷간 귀신이 산다고.

아참 그렇지. 뒷간 귀신 나오기 전에 나 먼저 들어가야겠다.

안 돼. 오빠 가지 마.

장난 좀 친 건데 그렇게 놀라나.
안 갈 테니까 빨리 똥이나 싸.

오빠 때문에 나오려던
똥이 다시 들어갔잖아.

나한테 대들던 힘
어디 갔냐? 그 힘
배에다 주라고.

힘 주고 있으니까
조금만 기다려.

끙
끙

아우, 졸려. 얘는 똥을 싸도
꼭 밤에만 싼다니까. 혼이 좀
나야 밤에 똥을 안 싸려나.

오빠 밖에
있지?

……

장난치지 마, 오빠.
거기 있으면서 대답
안 하는 거지?

…….

오빠, 어디 간 거야?
대답 좀 해 봐.
오빠, 무서워.

오빠, 어디 있어.
나 무섭단 말야.

그러지 마. 오빠 어디 있어?

뒷간에 사는 측신, 뒷간 귀신

옛날 우리나라 사람들은 집안 곳곳에 신이 살고 있다고 믿었어. 그중 특히 뒷간에는 측신이 산다고 믿었지. 측신은 보통 뒷간 귀신이라고 불렀어. 뒷간 귀신은 처녀 귀신처럼 여자 귀신이야. 하얀색 한복을 입고 긴 생머리를 늘어뜨리고 있지. 하지만 한복은 똥 같은 오물이 여기저기 묻어 있고 긴 생머리는 빗질을 하지 않아 마구 엉켜 있어서 뒷간에서 사는 귀신답게 아주 더러운 모양새야.

뒷간 귀신이 뒷간에서 하는 일은 자기의 머리카락 수를 세는 일이야. 뒷간 귀신은 참 한가한 귀신인가 봐. 머리카락이 몇 올인지 한 가닥씩, 한 가닥씩 일일이 다 세려면 몇 날 며칠이 걸릴지 모를 텐데 말이야. 아무튼 머리카락 수를 세는 데 몰두하고 있다가 사람들이 갑자기 뒷간에 들어오면 뒷간 귀신은 깜짝 놀란 나머지 몹시 화를 낸대. 뒷간 앞에서 미리 들어간다는 표시를 하지 않고 예의 없이 그냥 들어왔다는 거지. 으흠! 하고 헛기침이라도 하는 게 신성한 뒷간 귀신에 대한 예의라고 해. 화가 난 뒷간 귀신은 갑자기 들어온 사람을 긴 머리카락으로 사정없이 휘감아 똥통에 빠뜨린대. 옛날에는 사람이 똥통에 빠지면 죽는 경우가 많았어. 그래서 뒷간 귀신을 달래 주기 위해 똥떡을 만들어 별 탈 없이 잘 지나가게 해 달라고 빌었지. 이런 똥떡에 관한 풍습은 뒷간 귀신이 있다고 믿었기 때문에 생긴 거란다.

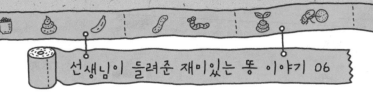

집을 지키는 갖가지 귀신들

집을 지키는 귀신을 가신이라고 해. 우리 선조들은 부엌, 대들보, 외양간, 뒷간, 장독대 등 집 안 곳곳에 가신이 산다고 믿었지. 뒷간에 뒷간 귀신이 산다고 믿었다면 부엌에는 조왕신이 산다고 믿었어. 조왕신은 부엌을 지키는 신이자 불을 지키는 신으로, 부뚜막신이라고도 불렀어. 부뚜막은 아궁이에 솥을 걸어 놓고 불을 피우는 곳으로 부엌에서 아주 중요한 곳이지. 살림을 책임지는 집안의 아낙들은 매일 아침 깨끗한 물을 길어 와 부뚜막에 놓고 조왕신에게 집안의 안녕을 빌었지.

성주신은 집을 지키는 여러 귀신들 가운데 우두머리 귀신이야. 원래는 하늘에서 살았던 귀신인데 땅으로 내려와 사람들에게 집을 짓는 법을 가르쳐 주었어. 성주신은 집의 대들보를 지켜 주지. 조왕신에게 매일 깨끗한 물을 바치는 것처럼 성주신에게는 성주 단지 안에 매해 햅쌀을 넣어 모신단다.

우마신은 외양간에 사는 귀신으로 소나 말을 지켜 준다고 믿었어. 전통적으로 농경 사회인 우리나라에서 농사를 짓는 데 중요한 역할을 하는 소나 말은 한 가족이나 다름없다고 여겼기에 우마신이 노하지 않도록 늘 조심했지.

삼신은 안방에 사는 귀신으로 자식이 태어나고 성장하는 것을 주관하는 귀신이야. 성주신에게 하듯 자루 속에 쌀을 넣어 안방 아랫목 높은 곳에 매달아 두고 모셨지. 이런 자루를 삼신 자루라고 했어.

그 밖에 장독대에도, 굴뚝에도, 우물에도 귀신이 살고 있다고 믿었어.

신성한 소가 싼 쇠똥도 신성하다

인도 사람들은 예로부터 소를 신성하게 여겼어. 인도인들이 믿는 종교인 힌두교는 소와 관련이 많아. 예를 들면 힌두교의 신 가운데 '시바'가 수소인 '난디'를 타고 다닌다고 해서 소를 신성시해서 죽이거나 먹는 것을 금지했어. 또 인도의 독립 운동 지도자인 마하트마 간디는 '암소는 수억 인도인의 어머니'라고 할 정도로 소를 특별하게 여겼지.

인도 사람들은 소를 신성하게 여긴 만큼 쇠똥도 신성하다고 생각했어. 소가 신성하므로 소와 관련된 모든 것이 신성하다는 거지. 그래서 술을 마신 사람에게 벌을 내릴 때 소의 똥과 오줌을 섞은 물을 먹게 했어. 신성한 소의 똥과 오줌이 그걸 먹은 사람을 깨끗하게 만들 수 있다고 생각한 거지. 우리가 가장 더럽다고 생각하는 똥과 오줌을 가장 깨끗하게 여기는 나라도 있다니 참 신기하지? 그런데 가만히 생각해 보면, 소의 똥과 오줌을 먹여서 해로운 술을 빨리 토하게 만들고자 한 것일지도 몰라. 그래야 술에 취해 실수를 저지르는 걸 막고, 또 술로 인해 몸이 상하는 걸 막을 수 있을 테니까.

고대 이집트인이 쇠똥구리를 숭배한 이유

고대 이집트 사람들도 인도인처럼 쇠똥을 신성하게 여겼는데 이것은 쇠똥을 먹고 사는 쇠똥구리 때문이야. 이집트 사람들은 태양신인 '라'를 숭배했는데, 그들이 숭배하는 태양신과 쇠똥구리가 아주 많이 닮았다고 생각했지. 태양도 둥글고 쇠똥구리가 만들어서 굴리고 다니는 똥 경단도 둥그니까 그런 생각을한 모양이야. 그래서 부적이나 도장에도 쇠똥구리 그림을 그려 넣은 것을 흔히 볼 수 있어.

쇠똥구리 모양을 본떠
만든 이집트의 장신구

당근 도둑을 잡아라!

자, 모두들 하늘님 땅님께 큰 절!

하늘님 땅님! 당근 풍년이 들게 해 주셔서 감사합니다.

이제 하늘님 땅님이 제물로 바친 당근을 맛보시도록 자리를 비켜 드립시다.

이따 오면 모두 당근맛 좀 보겠군.

그렇지. 제사 뒤 제물로 바친 당근을 온 마을 달팽이들이 나눠 먹는 게 우리 풍습이지.

달팽이들이 간 잠시 후.

~~조용~~

살금 살금

두리번 두리번

달팽이 탐정 나문닭

네? 어제 풍년제에 쓴 당근을 도둑 맞았다고요?

암요. 꼭 잡아 드리고 말고요.

제사를 지낸 당근을 나눠 먹어야 복이 온다고 굳게 믿고 있는 달팽이들에겐 충격이 크겠군.

44

그런데 아무런 단서도 남기지 않았다니 이를 어쩐다옹

범인은 누구일까옹 범인은 대체 누구일까옹

아하, 그렇지. 그걸 보면 범인이 누군지 딱 알 수 있지.

딱!

그날 제단 근처에 가장 늦게까지 남아 있던 달팽이들을 모이라 했으니 곧 오겠지.

풍년제

아무리 달팽이라지만 너무 늦는군옹

악, 졸려!

쿨쿨~ 음냐 음냐!

모이라고 해 놓고 자기는 잠만 자네.

풍년제

잠꾸러기 탐정이 무슨 도둑을 잡겠다고.

우리 그냥 갈까옹

이왕 왔으니까 도둑을 잡는지 생사람, 아니 생달팽이 잡는지 구경이나 해 보자.

당근 도둑은 바로 너다.

저는 당근 도둑이 아니에요.

아, 미안. 잠꼬대를 했네. 하지만 네가 진짜로 도둑이 아니길 바란다.

자~, 지금부터 도둑을 잡겠다. 그러니 여기서 모두 똥을 싸거라.

당근 도둑을 잡겠다더니 왜 갑자기 똥을 싸라는 거야.

그러게.

그러게.

음~, 범인을 찾았다. 범인은 바로···!

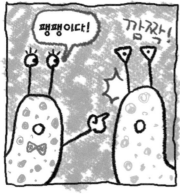

팽팽이다!

깜짝!

저 아니라니깐요. 또 잠꼬대하시는 거예요?

아니~, 이번엔 잠꼬대가 아니라 진짜다. 여기 팽팽이가 눈 똥을 봐라.

당근색 똥이야.

우리 달팽이는 먹은 음식의 색깔이 똥으로 그대로 나온다. 우리 몸에는 음식의 색소를 분해하는 쓸개즙이 없기 때문이지. 그러니 당근색인 팽팽이의 똥이 당근 도둑이라는 증거일 수밖에···

으, 이럴 줄 알았더라면 먹지 말고 차라리 시장에 내다 팔걸···.

알록달록 예쁜 똥, 새콤달콤 맛있는 똥

누리끼리 거무죽죽한 사람의 똥과는 달리 알록달록 예쁜 무지개색 똥을 누는 동물이 있어. 바로 느림보 달팽이야. 달팽이가 무엇을 먹었느냐에 따라 똥 색깔이 달라지지. 그래서 붉은색 토마토를 먹으면 빨강 똥을 누고, 주황색 당근을 먹으면 주황색 똥을 누고, 또 참외 껍질을 먹으면 노랑색 똥을 누고, 상추를 먹으면 초록색 똥을 눠. 달팽이는 왜 이렇게 무지개똥을 누는 걸까? 달팽이에게는 쓸개가 없기 때문에 먹이에 들어 있는 색소를 분해해서 흡수할 수 있는 기능이 없어. 그래서 먹이의 색깔을 그대로 지닌 채 똥이 되어 나오는 거야.

달팽이 똥이 예쁜 똥이라면 새콤달콤 맛있는 똥도 있어. 바로 진딧물의 똥이야. 진딧물은 엉겅퀴나 왕고들빼기 같은 식물의 즙을 쪽쪽 빨아먹고 사는데, 보통 자기 몸에 필요한 것보다 훨씬 더 많은 당분을 먹어. 당연히 남는 당분은 똥으로 배출하지. 그래서 진딧물의 똥을 '감로'라고 해. 그 똥은 단맛이 나서 다른 곤충들이 먹잇감으로 무척이나 탐을 낸단다.

그런데 진딧물은 그 똥을 아무한테나 주지 않고 자기를 지켜 줄 수 있는 곤충에게만 줘. 진딧물에게 선택을 받은 곤충은 개미야. 개미들이 다가오면 진딧물은 "내 똥 줄게, 대신 날 지켜 다오."라는 뜻으로 개미들에게 기꺼이 꽁무니를 내밀지. 그러면 개미는 진딧물의 똥을 맛있게 받아먹고 그 보답으로 무당벌레 같은 천적으로부터 진딧물을 든든히 지켜 준단다. 똥을 주고 안전을 보장 받다니 남는 장사지?

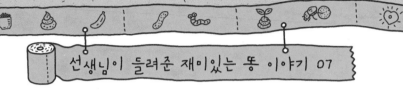

똥과 관련된 재미있는 속담

'호강에 겨워 요강에 똥 싼다.'는 속담이 있어. 한 가지 상상을 해 볼까? 어떤 사람이 오줌을 누려고 요강에 앉았다가 가만 생각해 보니 갑자기 살살 배가 아프고 똥이 마려운 거야. 똥은 뒷간에 가서 누는 게 정답이지만 요강에 앉은 김에 에라 모르겠다 하면서 똥을 싸 버렸어. 평소에 호화롭고 편안한 생활을 하다 보니 뒷간까지 가기가 귀찮아진 거지. 이 속담은 누군가가 자기의 처지에 맞지 않게 호화롭고 편안한 생활을 하는 걸 보며 비아냥거릴 때 쓰는 표현이란다.

'아끼다 똥 된다.'는 속담도 있어. 어떤 사람한테 정말 소중해서 매우 아끼는 물건이 있었는데, 어느 날 그만 잃어버리고 말았다고 생각해 봐. 또는 그 물건이 아까워서 쓰지 않고 숨겨 두고만 지냈는데, 어느 날 보니까 그만 유행이 지나 버렸다면? 이렇게 '아끼다 똥 된다.'는 말은 어떤 물건을 지나치게 아끼다가 적절한 시기를 놓쳐 물건이 쓸모없게 되었다는 뜻이란다.

또 '개 눈에는 똥만 보인다.'는 속담도 있어. 이 말은 평소에 자기가 관심을 가지고 있는 것만 눈에 잘 띈다는 뜻이야. 개는 똥을 먹기 위해 똥이 있는 곳만 찾아다니고 그러다 보니 똥만 눈에 잘 띌 거야. 게임을 좋아하는 사람 눈엔 게임만 보이듯이 말이야.

'개똥도 약에 쓰려면 없다.'는 속담은 아무리 하잘것없고 흔한 물건도 정작 필요해서 찾으려면 없다는 말이야.

'개똥 밭에 굴러도 이승이 좋다.'는 속담은 아무리 고생스럽게 살아도 죽는 것보다 사는 것이 낫다는 말이야.

'쇠똥에 미끄러져 개똥에 코 박은 셈'이라는 속담은 연달아 실수하여 어이가 없다는 뜻이야.

'작작 먹고 가는 똥 누어라.'는 속담은 쓸데없이 큰 욕심 부리지 말고 분수에 맞게 행동하라는 말이야.

'똥개가 언 똥 마다할까?' 라는 속담은 아무리 하찮은 것이 주어진다 하더라도 따질 입장이 아닐 정도로 궁색한 상황이라는 뜻이야.

'훈장 똥은 개도 안 먹는다.' 라는 속담은 애를 태운 사람의 똥은 맛이 쓰기 때문에 개도 안 먹는다는 뜻으로, 훈장 즉 선생님이 제자를 가르치는 일은 몹시 힘이 든다는 말이야.

또 속담은 아니지만 똥에 관한 재미있는 표현도 있어. 어머니가 평소에 아끼시던 꽃병을 깼다거나 부모님께 혼날 일이 생겼을 때 몹시 마음을 졸이면서 쓰는 표현이 있어.

"어우, 똥줄 탄다."

이때 똥줄이 탄다는 말은 똥끝이 탄다는 말과 같은 뜻이야. 사람이 무슨 일 때문에 몹시 애가 타면 똥자루가 딱딱해지면서 똥 색깔도 새까맣게 변하지. 가뜩이나 마음 졸여서 힘들었는데 딱딱하고 꺼멓게 되어 나오는 똥까지 누자면 여간 힘든 일이 아닐 거야.

혼자 먹으려고 숨겨 두었더니 썩어 버렸네.

그런 걸 두고 '아끼다 똥 된다.'고 하지, 끙끙!

초코 쿠키

눈 나쁜 호랑이의 소원

얘, 그만둬. 그러다가 아까처럼 너를 덮치려 하면 어떡하려고 그래?

그래 봤자 또 무언가에 부딪힐걸. 내가 며칠 전부터 쭉 지켜봤는데, 저 호랑이는 눈이 아주 나빠서 파리 한 마리도 못 잡아.

쯔쯔쯔~, 저런….

좋아! 그럼 나도 너와 함께 호랑이에게 물을 주겠어.

정말? 그렇다면 넌 물을 떠 와. 나는 약초를 뜯어 올게.

자기들을 잡아먹으려 한 내게 물과 약초를 가져다 주다니. 다시는 동물을 잡아먹지 않겠어.

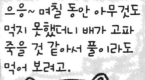

헉! 넌 육식동물인데 어떻게 초식동물처럼 풀을 뜯어먹니?

으응~ 며칠 동안 아무것도 먹지 못했더니 배가 고파 죽을 것 같아서 풀이라도 먹어 보려고.

이거 먹으면 안 돼. 독초거든.

퉤퉤퉤~, 어쩐지 맛이 이상하더라니.

지금 내 앞에 서 있는 게 그때 그 토끼 맞지? 그날도 날 돕더니 오늘도 날 살리는구나.

51

어, 뭐, 살렸다기보다는. 아주 조금 도와준 것뿐인데…

고마워. 앞으로도 내게 독이 없는 풀을 좀 골라 주지 않겠니?

독이 없는 건 골라 준다고 하더라도, 고기만 먹고 살아온 네가 어떻게 풀을 먹어?

네가 골라 주면 어떤 풀이든 맛있을 것 같아.

하기야 내가 풀 쪽은 또 꽉 잡고 있지.

오물오물 질겅질겅

다 내 잘못이야. 끙끙

나를 따라 먹은 풀이 소화되지 않아서 병이 나고 말았어.

그런 소리 마 너 아니었으면 난 굶어죽고 말았을 거야.

잠깐 배고픔을 잊었을 뿐이지. 결국 이렇게 되었잖아. 괜히 나 땜에.

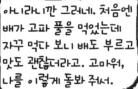

아니라니깐 그러네. 처음엔 배가 고파 풀을 먹었는데 자꾸 먹다 보니 배도 부르고 맛도 괜찮더라고. 고마워, 나를 이렇게 돌봐 주셔서.

내가 죽으면 다음 생애엔 토끼로 태어나고 싶어. 맛있는 풀을 실컷 먹게. 아, 배고파 죽겠다. 꼴까닥.

고기 먹는 데 딱 맞는
육식동물의 입

　　사자, 호랑이, 이리 같은 육식동물은 다른 동물의 고기를
먹이로 삼는 동물이야. 그래서 육식동물의 이빨은 고기를 잘 씹기에 알맞게 생
겼어. 특히 송곳니가 발달했는데 사람처럼 네 개가 있지. 사람도 송곳니를 가지
고 있지만 육식동물에 비하면 아무것도 아닐 정도로 무뎌. 육식동물의 송곳니
는 유난히 길고 날카로워서 아주 잘 드는 칼날 같아. 그래서 고기를 뜯고 베어
먹기에 적당하지. 뿐만 아니라 잘 발달된 턱은 무는 힘이 강해서 먹잇감의 뼈까
지 와작와작 으스러뜨려 먹을 정도야. 거기다 혀는 단단하고 사포처럼 꺼끌꺼
끌해서 먹잇감에 붙은 털을 잘 떼어 낼 수 있지. 이처럼 이빨, 턱, 혀를 포함한
육식동물의 입은 고기를 사냥해서 뜯고 씹어 먹기에 아주 알맞게 이루어져 있
어.

호랑이

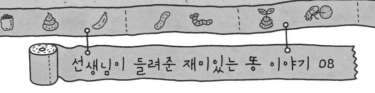

육식동물의 소화 기관

　육식동물의 소화 기관은 고기를 잘 소화시킬 수 있게끔 발달했어. 날카로운 송곳니를 이용해 고기를 잘게 찢어서 목구멍으로 넘기면 위에서 강한 위산이 나와 고기를 재빨리 소화시키지. 게다가 장의 길이가 몸 길이의 3배 정도로 아주 짧고 간단하게 생겼어. 육식동물의 장의 길이가 이렇게 짧은 이유는 먹이를 빠른 시간 내에 소화시켜 될 수 있으면 서둘러 똥으로 만들어 몸 밖으로 내보내기 위해서야. 고기는 채소에 비해서 더 빨리 썩기 때문이지. 몸 안에서 고기가 썩으면 병이 나고 말 테니 재빨리 몸 밖으로 내보내는 게 현명하겠지?

육식동물의 소화 효소와 똥

육식동물은 송곳니로 고기를 찢은 다음 씹지 않고 바로 삼켜 버려. 입안에서는 고기의 단백질을 소화시킬 수 있는 소화액이 나오지 않기 때문이지. 대신 위로 고깃덩어리가 들어오면 위에서는 강한 위액이 나와 고기를 소화시키지. 초식동물이나 잡식동물에 비해 10배나 강한 위산이야. 또 육식동물들이 사는 곳엔 고기를 저장할 만한 장소가 마땅치 않아서 간혹 상한 고기를 먹을 수가 있어. 하지만 강한 위산은 상한 고기까지도 제대로 소화시킬 수 있단다.

육식동물은 초식동물에 비해 똥을 적게 눠. 육식동물은 초식동물보

먹잇감의 털이
섞인 사자의 똥

다 먹이를 훨씬 적게 먹기 때문에 똥의 양도 적은 거지. 육식동물의 먹이인 고기에는 단백질이 풍부하게 들어 있어서 구태여 많이 먹을 필요가 없거든.

화장실의 넓이가 영토의 넓이

사자의 수컷은 다른 수컷들에게 자기 영역을 알리려고 똥과 오줌을 싸. 그리고 그 영역 안으로 다른 수컷이 들어오면 가차없이 공격하는데 그건 자기 영역을 지켜 내기 위해서야. 사자에게 영역이란 먹잇감을 구하고 짝짓기를 하여 자신의 새끼를 키우는 공간이니, 그곳에 다른 수컷이 들어온다는 건 자신과 가족에게 큰 위험이 되기 때문이지. 그리고 자신의 영역은 넓으면 넓을수록 좋아. 영역이 넓으면 그 안에 먹잇감도 더 많을 테니까 말이지. 그렇다고 욕심나는 대로 마구 영역을 넓히진 않아. 괜히 욕심을 냈다가 더 힘이 센 수컷의 영역까지 침범했다간 위험에 빠질 수도 있거든.

사자가 여기저기 넓은 곳에 똥을 싸 대고 돌아다니는 반면, 멧돼지는 여럿이 한 군데에 똥을 눠. 공중화장실처럼 말이야. 멧돼지들이 먹이를 찾아 이리저리 돌아다니다가도 한곳에 똥을 누는 이유는 자기 똥으로 소식을 전하려는 거야. 또 다른 멧돼지가 눈 똥의 냄새를 맡으며 다른 멧돼지들에게 무슨 일이 일어났는지 알아내려는 거지.

사자

변덕쟁이 엽기 토끼, 토랑이

바스락
깜짝

짜잔!

어머낭 넌 대체 토끼니, 호랑이니?

냠냠냠~, 풀 먹는 거 보면 몰라? 당근 토끼지.

그런데 네 이마에 호랑이처럼 '왕(王)' 자가 새겨져 있잖아?

그야 내가 전생에 풀만 먹다가 풀똥 싸고 죽은 호랑이였기 때문이지. 아흥ㅎ

꺄르르~, 거짓말 좀 작작해라. 호랑이가 어떻게 풀을 먹니?

난 호랑이였던 토끼, 토랑이라고 해. 뭐, 믿거나 말거나지만.

무? 토랑이? 꺄르르~♪

넌 누구니? 이상하게도 널 처음 만난 것 같지가 않단 말이야.

나 사슴, 사랑이잖아. 울 엄마가 호랑이 꿈을 꾸고 날 낳았다고 해서 사랑이라고 이름을 지었어.

크크크~, 사슴 이름이 사랑이가 뭐야? 꼭 강아지 이름 같잖아?

흥! 너는 토랑이, 나는 사랑이, 같은 랑자 돌림이라 잘 지내 보려 했더니만….

옛따! 이거 정말 맛있는 풀이야. 이거 먹고 기분 풀어.

네가 정 주고 싶다면 할 수 없지. 냠냠냠~.

근데 사랑아, 풀이 암만 맛있어도 많이 먹는 만큼 자주 똥을 싸야 한다는 게 좀 귀찮지 않니?

그게 귀찮으면 죽어야지.

육식동물은 한번 먹으면 한참은 안 먹어도 되는데. 고기 한 점 먹고 늘어지게 자던 때가 그리워.

지금 무슨 소리를 하는 거야? 넌 토끼잖아?

풀도 자꾸 먹다 보니 조금씩 질려서 이젠 고기가 먹고 싶어.

너 그럼 혹시 나를?

?

그럴 리가…, 어차피 난 토끼인데 뭐.

시무룩

그런데도 풀잎에 앉아 있는 곤충들에게 자꾸만 눈이 가니 어쩌면 좋아.

아하, 풀을 먹을 때 벌레도 함께 먹는 거야. 그러면 고기를 먹고 싶은 마음이 좀 달래지지 않을까?

!

오 예

굿 아이디어!

냠 냠 냠

아호~, 다른 동물의 살코기가 내장으로 흡수되는 이 기분. 바로 이 맛이야.

냠 냠 냠

휙~

냠 냠

휙~

휙~

아이고~, 배야.

뭐야, 너, 뱀이랑 개구리까지 먹은 거야?

벌레를 먹다 보니 자꾸 고기에 욕심이 생겨서. 아이고, 배야. 토랑이 죽네.

괜히 다른 동물을 먹으라고 했어. 우리 같은 초식동물은 장이 길어서 고기가 장 안에서 오래 머물다가 상하기 쉬운데. 그걸 빨리 똥으로 내보낼 수도 없고.

사랑아, 괜찮아. 그래도 맛있게 먹었어. 먹고 죽은 귀신은 때깔도 좋다잖아.

다음 생엔 풀이든 고기든 실컷 먹을 수 있는 잡식동물로 태어나고 싶어.

그래, 잡식동물로 다시 태어나렴. 사람만 빼고 말이야.

풀을 뜯어먹기에 딱 좋은 초식동물의 이빨

소, 양, 토끼나 코끼리 같은 초식동물은 식물을 먹이로 삼는 동물이야. 그래서 초식동물의 이빨은 풀이나 나뭇잎, 뿌리나 열매 같은 식물을 잘 씹기에 적합하게 생겼어. 특히 어금니가 발달해서 입안 양쪽에 24개나 있어. 송곳니가 발달한 육식동물과의 차이점이지. 어금니가 평편한 모양으로 생겨서 풀을 갈아서 잘게 부숴 먹기에 편리하단다. 평평한 윗돌과 아랫돌이 맞물려 돌아가면서 메밀이나 옥수수 등의 곡물을 잘게 갈 수 있는 튼튼한 맷돌처럼 말이야. 또 앞니는 넓적한 모양이어서 식물을 뜯기에 편리하지. 재미있는 건 토끼의 어금니는 평생 동안 계속 자란다는 거야. 덕분에 당근 같은 단단한 먹이를 계속해서 잘 먹을 수 있어.

풀을 먹는 소

양의 이빨

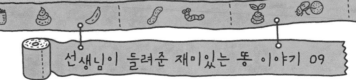

초식동물의 소화 기관

초식동물의 소화 기관은 식물을 잘 소화시킬 수 있게끔 발달했어. 맷돌처럼 단단한 어금니는 식물을 으깨어서 잘 씹을 수 있고, 침 속에는 이를 소화시킬 소화 효소가 들어 있지. 이렇게 초식동물은 입에서 음식물을 어느 정도 소화시킨 다음에 삼켜. 육식동물은 음식물을 빨리 소화시켜 밖으로 내보내지만 초식동물은 장에 오랫동안 음식물을 담고 있는 거야. 식물 속에 들어 있는 영양분을 될 수 있는 한 많이 섭취하기 위해서지. 그 때문에 소화관의 길이가 몸 길이의 11배나 될 정도로 길어. 육식동물의 소화관이 몸 길이의 3배인 것에 비하면 무척 길지?

소가 눈 똥.

초식동물 중에는 위가 여러 개인 동물과 위가 하나인 동물이 있어. 소나 양, 기린, 사슴 같은 동물들은 위가 네 개나 되는데, 한번 먹은 먹이를 다시 토해 내 되새김질을 해서 소화시키지. 말이나 코뿔소는 위가 하나야. 위에서 소화시킨 것을 맹장과 큰창자에서 다시 한번 발효해서 소화시킨단다.

초식동물의 소화를 돕는 똥

초식동물들은 소화를 돕기 위해 똥을 먹어. 자기가 눈 똥을 먹기도 하고 자기가

눈 똥을 새끼들에게 먹이
기도 하지. 초식동물들의
똥 속에는 먹이의 찌꺼기
만 들어 있는 게 아니라
소화를 돕는 미생물들도
많이 들어 있기 때문이야.
토끼는 자기 소화 기관 속
에 미생물이 부족하다고 느
낄 때 자기 똥을 먹어. 미생
물들을 보충하기 위해서지.
또 코끼리나 코알라는 새끼

자기 똥을 새끼에게
먹이는 토끼

들의 소화를 돕기 위해 자기의 똥을 새끼들에게 먹여. 새끼의 배 속에는 소화를 맡
는 미생물이 아직 없어서 새끼들의 배 속에 자기 똥 속에 들어 있는 미생물을 심
어 주려는 거야.

육식동물과 초식동물, 누구 똥이 더 구릴까?

 냄새로 치면 육식동물의 똥이 초식동물의 똥보다 더 구려. 구린 똥 냄새는 육식
동물의 먹이인 고기가 단백질로 되어 있기 때문이야. 단백질이 몸 속에서 분해되면
암모니아가 발생해. 암모니아는 아주 지독한 냄새가 나지. 그래서 고기를 많이 먹
는 동물이 눈 똥은 초식동물이 눈 똥보다 냄새가 구려. 시간이 나면 자신의 똥 냄
새를 한번 맡아 봐. 고기를 먹은 날과 그렇지 않은 날 중 어떤 날 똥 냄새가 더 구
린지 말이야.

먹보 반달곰, 곰랑이

꺄~, 이 물고기 정말 쫄깃하고 맛있어용

아~, 배부르다. 이번엔 머루를 먹을까, 다래를 먹을까용

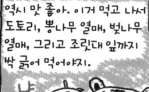

역시 맛 좋아. 이거 먹고 나서 도토리, 뽕나무 열매, 벚나무 열매, 그리고 조릿대 잎까지 싹 긁어 먹어야지.

고기도 먹고 나무 열매도 먹고, 아흥~ 곰이라서 행복해용~.

하아아앙~

곰랑이가 사는 동굴

내가 너무 많이 먹었나용 왜 이렇게 졸리지용

ZZZ

톡!

앗, 차가워!!

한참 단잠을 자는데
물방울이 떨어질 건 뭐람?

어후, 배가 고픈데 졸음이
자꾸 쏟아지네

참, 곰은 겨울잠을 자지. 그럼
겨울 동안은 아무것도 못 먹잖아.
잡식동물로 태어나서
좋아했더니만….
에이, 차라리
돼지로
태어날걸.

겨우내 못 먹을 걸 대비해
뭐든 실컷 먹어 두자.
어, 졸려.

으악

쿵!

사냥꾼이
파 놓은 함정

아이쿠, 아파 죽겠네. 어떤 놈이 이런
구덩이를 파 놓은 거야?

사람, 아니,
곰 살려!

곰이 함정에 빠졌네. 어,
근데 토랑이처럼 이마에
왕(王) 자가 있네.

난 토랑이가 아니고
곰랑이야.
나에게 밧줄을 좀
내려 줄래?

그건 안 돼. 너는 곰이니까
당장 날 잡아 먹을 거 아니야.

63

난 전생에 풀 먹다 죽은 호랑이였다가, 또다른 전생엔 고기 먹다 죽은 토끼였다가, 지금은 곰으로 태어났어. 비록 모습은 곰이어도 마음만은 토끼란다. 제발 구해 줘.

그럼 니가 토랑이란 말이야? 정말 반가워.

너 토랑이를 알고 있어?

네가 토랑이였을 때 너랑 나랑 친구였거든.

아하, 그럼 네가 사랑이?

근데 너 왜 그렇게 폭삭 늙었냐?

무라고? 폭삭 늙었다고? 흥, 너는 죽었다가 새로 태어났지만 난 여태까지 쭉 살아 있었으니까 그렇지.

안됐다. 저 잔주름 좀 봐. 난 아직 탱탱한데.

그래, 너 젊어서 참 좋겠다. 어디 거기서 죽고 다시 태어나 천년만년 젊으시던지.

미, 미안해. 며칠 굶었더니 말이 헛나왔나 봐. 그래도 옛정을 생각해서 날 좀 구해 줘, 제발.

며칠 굶었다면 더더욱 안 되지. 넌 곰이니까 아무거나 닥치는 대로 먹으니 분명 날 잡아먹을 거야. 나 간다~.

어? 안 돼!

왯!

흑흑~, 아무리 다시 태어나도 힘들긴 마찬가지네.

고기와 식물을 모두 먹기에
딱 좋은 잡식동물의 이빨

사람이나 고릴라, 원숭이, 반달가슴곰, 흰곰 같은 잡식동물은 고기도 식물도 먹는 동물이야. 그래서 잡식동물의 이빨은 육식동물이 가진 송곳니도 있고, 초식동물이 가진 발달된 앞니와 어금니도 있지. 대표적인 잡식동물인 사람의 경우는 뾰족한 송곳니 4개, 넓적한 앞니 8개, 평편한 어금니 16개 이렇게 28개야. 송곳니로는 고기를 찢고 앞니로는 채소를 자르고 어금니로는 채소와 고기를 잘게 으깨 먹는 등 사람의 이는 뭐든 두루두루 다 씹을 수 있어. 하지만 송곳니는 별로 날카롭지 않은 반면, 앞니와 어금니는 발달되어서 육식동물보다는 초식동물과 비슷하지. 이걸로 봐서는 잡식동물인 사람도 육식동물보다는 초식동물에 가까워. 그러니 지나치게 고기만 많이 먹으면 몸에 좋지 않겠지? 가장 좋은 건 잡식동물이란 이름답게 고기와 채소를 골고루 먹는 거란 말씀!

고릴라

반달가슴곰

65

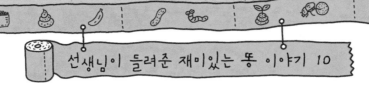
잡식동물의 소화 효소

　잡식동물의 소화 효소를 알려면 대표적인 잡식동물인 사람의 소화 기관에서 어떤 소화 효소가 나오는지 알아보면 되겠지? 사람이 음식을 입안에 넣고 씹으면 침에서 아밀라아제란 소화 효소가 나와. 이건 먹은 식물에 들어 있는 탄수화물을 분해하지. 밥이나 감자 같이 녹말이 들어 있는 음식은 입에서부터 소화가 되기 시작하는 거야. 위에서는 고기와 같은 단백질의 소화를 돕는 소화 효소가 나오고, 이자에서는 지방과 단백질을, 작은창자에서는 탄수화물과 단백질의 소화를 돕는 소화 효소가 나온단다. 즉 잡식동물의 소화 기관에서는 식물과 동물을 둘 다 소화할 수 있는 소화 효소가 나온다는 거야. 맛있는 고기는 물론이고 달콤한 과일도 맘대로 먹을 수 있는 잡식동물로 태어난 걸 고마워하자고!

원숭이

초식동물에 가까운 특성을 지닌 사람의 똥!

육식동물은 소화관의 길이가 아주 짧고 초식동물은 아주 길어. 그럼 잡식동물인 사람의 소화 기관의 길이는 어떨까? 사람은 초식동물만큼은 아니지만 소화관의 길이가 꽤 길어. 그러니까 사람은 소화관의 길이로 봤을 때 초식동물에 가깝다고 할 수 있지.

또 육식동물은 섬유질을 먹지 않아도 음식물이 장에 머무르는 시간이 짧아서 먹은 걸 금방 똥으로 내보내. 그리고 초식동물은 매일 섬유질이 많은 풀을 잔뜩 먹기 때문에 아주 똥이 잘 나와. 초식동물의 사전에 변비란 말이 있을 수 없지.

하지만 사람은 장의 길이가 비교적 길어 음식물이 몸 안에 머무르는 시간도 길어. 그래서 재빨리 똥을 내보내지 않으면 장에서 똥이 굳어 변비에 걸리기 쉽지. 이때 똥을 쉽게 내보내 주는 역할을 하는 것이 바로 식물에 들어 있는 섬유질이야. 장의 길이가 길고 똥을 누기 위해선 섬유질이 필요한 것만 봐도 사람은 초식동물에 가깝다고 할 수 있어.

여러 가지 채소로
이루어진 한식 밥상

겨우살이와 산새

눈이 내려 먹을 게 하나도 없네.

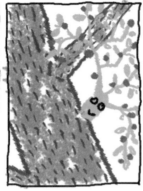

와~, 이 나무는 겨울인데도 푸르네.

거기다가 열매까지 아직 남아 있엉.

안녕? 산새야. 우리집에 놀러 온 걸 환영해.

안녕? 그런데 네 이름이 뭐니?

으응. 난 겨우살이라고 해.

그런데 넌 왜 참나무 위에서 사니?

그건 참나무에게 아주 약간의 도움을 받기 위해서지. 뭐, 그걸 얹혀산다고들 하더군. 밤나무나 자작나무에 얹혀사는 애들도 있어.

68

하지만 난 너와 같은 산새들에게 주려고 맛있는 열매들을 부지런히 맺는단다.

정말? 그럼 내가 네 열매를 따 먹어도 되겠네?

그럼~, 되고 말고. 열매를 주려고 여태껏 기다렸는걸.

넌 정말 마음이 따뜻한 나무구나.

아니 뭘. 아주 달고 맛있으니 얼른 먹으라고. 자, 얼른 얼른.

고마워! 그럼 먹는다. 맘껏 먹어도 된다는 얘기지?

냠냠!

어때? 맛 좋지?

응, 맛있어. 과육도 풍부하고 정말 꿀맛이야.

불룩 불룩

우물 우물

그럼 네 친구들에게도 내가 사는 곳을 알려 주렴.

그래 알았어. 당장 친구들에게 알려 줘야지.

잘 가~. 가다가 똥도 잘 누고.

똥? 무슨 똥?

무슨 인사가 그래? 똥을 잘 누라는 인사가 이 세상에 어딨냐?

똥 인사는 우리 겨우살이처럼 열매를 맺는 나무들 세계의 독특한 인사법이란다. '똥 잘 눠~.' 하고 말이야.

으응~ 그래? 암튼 잘 있어.

엥? 똥 인사 때문인지 갑자기 똥이 마렵네.

하늘에서 똥을 싸는 건 매너가 아니지.

툭!

어라, 겨우살이 열매의 씨가 소화가 안 되고 그냥 나왔네.

이 아까운 걸 버릴 순 없지. 다시 먹자.

산새 아저씨, 맛있게 배불리 먹여 줬으면 됐지 똥까지 뒤져서 다시 먹는 법이 어딨어요?

내가 싼 똥 내가 먹는데 누가 뭐래?

공짜로 먹었으면 똥을 싸서라도 보답해야죠. 그 정도도 못해요?

하긴 맛난 것 먹고 똥으로 갚으면 내가 남는 장사긴 하지. 알았어.

동물을 이용한
식물의 자손 퍼뜨리기 대작전

식물 중에는 자손을 퍼뜨리기 위해 동물을 이용하는 것들도 있어. 식물은 동물처럼 스스로 움직이지 못하기 때문이지. 한곳에 뿌리를 내리면 그 자리에서 죽을 때까지 꼼짝 못하고 살아가잖아. 다른 곳으로 이사갈 수도 없고 돌아다니면서 씨를 뿌릴 수도 없어. 그래서 여기저기 돌아다닐 수 있는 동물을 이용하는 거야. 그렇다고 해서 식물이 동물들에게 씨앗을 퍼뜨리라고 명령을 내리거나 부탁을 하는 건 아니야. 다만 먹음직스러운 자신의 열매를 동물들이

열매를 먹는 새

먹게 할 뿐이지. 그 열매를 먹은 동물들은 여기저기 돌아다니면서 똥을 누고 말이야. 그러면 씨앗을 둘러싼 과육만 소화되고 씨앗은 그대로 똥에 섞여 나오지. 이렇게 세상에 나온 씨앗은 동물들이 눈 똥을 양분 삼아 싹을 틔우는 거야. 식물이 가만히 앉아 동물로 하여금 씨앗을 나르게 하다니 기막히게 영리하지?

열매를 먹는
원숭이

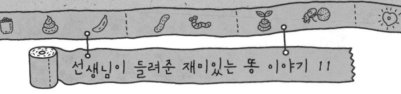

새똥을 이용해 자손을 퍼뜨리는 겨우살이

겨우살이는 다른 나무에 붙어 나무의 양분을 빼앗아 먹으면서 사는 기생식물이야. 스스로 광합성을 해서 양분을 만들 수 있지만 그걸로는 성이 안 차 남의 양분까지 빼앗아 먹는 욕심쟁이 식물이라고 할 수 있지. 겨우살이는 참나무나 밤나무, 자작나무 같은 나무를 좋아해서 그 줄기에 뿌리를 내리고 자라. 이처럼 겨우살이는 다른 나무에 붙어 살며 새들이 좋아하는 연노랑의 열매를 맺지. 그리고는 산새들이 날아와 열매를 따 먹기를 날마다 기다린단다. 겨우살이 열매는 과육이 풍부해서 산새들이 아주 좋아해. 하지만 과육만 소화되고, 씨는 산새들의 배 속에서 소화되지 않은 채 그대로 똥으로 나와. 그렇게 나온 씨는 나뭇가지를 꽉 잡고 그대로 들러붙어. 그렇게 해서 나뭇가지에 뿌리를 내리고 싹을 틔워 꽃을 피우고 또 열매를 맺어 다음 세대를 이어 간단다. 겨우살이는 꼼짝없이 한곳에 붙어 살 수밖에 없지만, 산새들의 똥을 이용해 자손을 멀리멀리 퍼뜨리는 아주 영특한 식물이란 말씀!

열매를 알알이
맺은 겨우살이

동물과 식물의 공생

  개미와 진딧물은 서로 도우면서 살아가. 개미가 진딧물을 적으로부터 보호해 주는 대신 진딧물은 달콤한 똥을 개미에게 주지. 이렇게 서로 도우면서 살아가는 것을 '공생'이라고 해. 그런데 공생은 개미와 진딧물처럼 동물 사이에만 있는 게 아니라 동물과 식물 사이에도 있어. 호박꽃은 꿀벌에게 꿀을 내주고, 꿀벌은 암꽃과 수꽃 사이를 오가며 꽃가루받이를 해 준단다. 그 결과 영양 많고 맛 좋은 호박이 열리는 거야. 앞에서 말한 겨우살이와 새도 마찬가지야. 겨우살이

가 새들에게 열매를 내주는 대신 새들은 겨우살이의 씨를 널리 퍼뜨려 주지. 겨우살이 말고도 찔레나 대부분의 과일들은 동물에게 열매를 내주고, 동물들은 소화가 안 된 씨앗이 섞인 똥을 여기저기 돌아다니며 눠서 씨앗을 퍼뜨려 준단다. 참! 귀여운 다람쥐는 다른 방법으로 도토리를 퍼뜨려 줘. 다람쥐는 도토리를 땅에 묻어 두었다가 나중에 먹는 습성이 있는데, 간혹 그걸 깜빡 잊기도 한대. 그러면 나중에 그곳에서 도토리 싹이 나는 거야.

도토리 먹는
다람쥐

아가야, 똥 먹자!

급하다 급해

뿌직

뿌지직

똥이 풍풍풍 나오려는 걸 간신히 참았네.

킁킁킁 음~, 구수한 냄새

하마터면 이 아까운 똥을 밖에서 싸고 버릴 뻔했네. 집까지 참고 오길 정말 잘했지!

엄마 그게 뭐야?

으응. 오늘 아침밥

아이구~ 냄새. 난 안 먹을래.

냄새는 무슨 냄새? 엄마 똥에선 풀꽃 향이 나는걸.

콩콩 콩콩

그럼 이게 똥이었어요?

엄마 똥 속에는 영양분이 많이 들어 있고, 또 엄마 똥을 먹으면 소화도 잘된단다.

싫어 싫어. 아무리 그래도 똥은 안 먹을래.

그럼 못써. 엄마 말 들어야지.

엉엉엉~, 엄마가 똥 먹으랬다고 아빠한테 다 이를 거야.

털푸덕

그래, 엄마가 졌다. 다른 거 먹자.

기다려. 다른 거 가져올게.

자, 밥 먹자.

이건 뭐야? 엄마똥이랑 비슷하게 생겼는데?

호호호~, 아가야 이건 엄마 똥이 아니고 까만색 콩자반이란다.

콩자반? 콩자반이 뭐야?

어? 콩자반은 검정콩을 간장에 넣고 푹 조린 다음 고소한 참기름을 넣은 음식이야.

그것 참 맛있겠다.

자, 먹어 봐. 아~앙

오물 오물

콩자반 맛있지?

응, 맛있어. 더 주세요.

더 주고 말고! 콩자반은 얼마든지 있으니 많이 먹으렴.

듬뿍

네에에에~.

우물 우물

그런데 아가야. 이건 사실 콩자반이 아니란다.

?

콩자반이 콩자반이지 콩자반이 콩자반이 아니라니 그게 무슨 소리예요?

혹시?

그건 바로... 엄마 똥이지.

으으으~, 나 결국 똥 먹은 거야?

자기 똥을 먹는 동물

이상하지? 남의 똥은 더러워도 자기 똥은 더럽다는 생각이 들지 않아. 아무리 그래도 자기 똥을 먹기까지 할 순 없을 거야. 그런데 쥐, 토끼, 코알라, 코끼리 등은 자기 똥을 먹지. 그것도 기꺼이 말이야. 왜 그런지 한번 알아볼까?

쥐

쥐나 햄스터는 비타민C가 부족하면 자기 똥을 먹어. 쥐나 햄스터의 똥에는 채 소화되지 않은 비타민C가 들어 있기 때문이야. 그러다 비타민C가 풍부한 채소나 과일을 먹으면 자신의 똥 먹기를 멈추지.

토끼

토끼 똥 속에 무슨 귀한 영양제 같은 거라도 들어 있냐고? 믿기기 않겠지만 이 말은 맞는 말이야. 토끼는 먹이를 한 번에 소화시킬 수가 없어서 소화가 덜된 똥을 누는데 그 속에는 영양 성분이 고스란히 남아 있거든. 토끼가 자기 똥을 알뜰히 먹고 나면 소화도 잘 된다니 일석이조 아니겠어?

코알라

코알라는 평생 유칼립투스의 나뭇잎만 먹고 살아. 그런데 코알라 새끼의 장에는 유칼립투스를 소화시키는 미생물이 없어서 그 잎을 못 먹어. 그래서 새끼가 어느 정도 자라면 어미는 젖을 떼고 자기의 똥을 새끼에게 먹이기 시작한단다. 이때 새끼 코알라는 어미 똥 속에 있던 미생물을 함께 먹지. 그러면 새끼도 어미처럼 유칼립투스를 잘 소화시킬 수 있게 되는 거야. 코알라뿐 아니라 풀을 먹고 사는 많은 종류의 초식동물들이 어미 똥을 새끼에게 먹인단다.

코끼리

토끼, 코알라, 쥐는 영양분을 먹기 위해서 똥을 먹지만 코끼리는 좀 달라. 코끼리는 수분 섭취를 위해 자기 똥을 먹거든. 비가 오랫동안 내리지 않는 건기가 찾아왔을 때 물기가 많은 자기 똥은 아주 훌륭한 물이 되는 거란다.

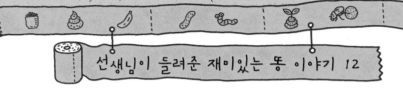

소화를 도와주는 유익한 미생물

　동물들의 소화 기관에는 먹은 것을 소화시켜 주는 미생물이 아주 많이 있어. 이 미생물 덕분에 먹이로 먹은 풀을 잘 소화시킬 수 있고 영양분도 충분히 흡수할 수 있는 거야. 그래서 동물들은 소화 기관에 필요한 미생물을 보충하기 위해 자기가 싼 똥을 먹는 것도 마다하지 않아.

코알라

　예를 들어 토끼가 자기 똥을 먹는 것은 채 소화되지 않고 남은 영양분을 알뜰하게 먹기 위해서만이 아니야. 그 똥 속에 들어 있는 미생물까지 섭취하기 위해서야. 토끼의 똥 속에는 영양분과 함께 미생물도 많이 들어 있거든. 그래서 몸에 미생물이 부족하다고 느끼면 미생물을 보충하기 위해 자기 똥을 먹는 거야.

사람에게는 섬유질을 소화시킬 수 있는 미생물이 없다고?

　사람의 몸속에는 채소의 섬유질을 소화시킬 수 있는 미생물이 없어. 그렇다고 소처럼 되새김질을 통해 여러 번에 걸쳐 다시 씹지도 못하고, 부족한 미생물을 채우기 위해 토끼처럼 자기 똥을 먹지도 않아. 그런데 왜 소화도 안 되는 섬유질이 잔뜩 들어 있는 과일이나 채소를 많이 먹으라는 걸까? 그것은 섬유질이 소화는 안 되지만 장이 잘 움직일 수 있도록 도와 주기 때문이야. 뿐만 아니라 똥을 눌 때 섬유질이 몸속의 해로운 물질들을 싸안고 나가서 우리 건강에 도움을 주기도 하지.

되새김질하는 동물 이야기

되새김질하는 동물에는 소, 양, 염소, 기린, 버팔로 등이 있어. 너희들이 잘 알고 있는 것처럼 되새김질이란 먹은 것을 게워내서 여러 번 곱씹는 걸 말해. 소의 예를 들어 볼까? 소는 위가 네 개나 돼서 되새김질을 네 번이나 할 수 있어. 소가 여물통에 아무것도 없이 텅 비어 있는데도 입을 오물오물하면서 무언가 씹는 모습을 본 적이 있니? 그 모습이 바로 소가 되새김질하는 모습이지. 소는 처음부터 대충 씹지 않고 잘 발달된 어금니로 여물을 아주 잘게 으깨어서 삼켜. 그러면 소의 위 속에 살고 있는 미생물들이 달라붙어서 미생물들이 섬유질을 분해해 줘. 즉 발효가 일어나는 거야. 미생물이 소의 위 속에 들어온 먹이를 먹고 이용하고 배설하는 과정 그 자체가 발효거든. 알고 보면 소와 미생물은 서로 돕고 사는 공생 관계야. 소는 미생물에게 먹이를 주고 미생물은 섬유질을 분해해서 소의 소화를 돕고 말이야. 그런 과정을 네 번이

초원에서 풀을 뜯는 소

나 거치면 웬만한 섬유질은 다 분해되는데, 그래도 소화되지 않는 섬유질은 똥으로 내보내지. 소똥을 보면 짚풀 조각 같은 게 섞여 있는데 그게 바로 끝까지 소화되지 않은 섬유질이야.

똥돼지 잡는 날

낼름 낼름

끄응~, 끄응~!

꿀꿀꿀

똥돌아, 내 똥이 그렇게 맛있니?

철퍽!

어이쿠! 똥돌이 머리에 똥이 떨어졌네. 그러길래 잘 받아 먹으라니까, 쯧쯧.

정우야, 똥 누고 거기서 거름 좀 모아라.

예.

마침 잘됐다. 똥돌이 머리에 묻은 똥 좀 닦아 줘야지.

똥돌아~, 이리 와~ㅇ 머리 닦자.

아무리 내 똥이 맛있어도 머리에까지 묻히고 다니냐? 크크크, 더럽게 귀여운 녀석.

장화 꼭 신거랑 괜히 멀쩡한 발 더럽히지 말고.

알았어요.

장화를 신어 말어?

철퍽 철퍽

기왕 더럽혀졌는데 뭘 귀찮게시리….

뿌지직!

기특한 녀석. 똥도 처리해 주고 거름도 만들어 주고.

스 ㄹ ㄹ ㄱ

수이이익?

캣!

콱!

우썩우썩!

81

허~ 똥돌이가 아니었으면 발목을 물릴 뻔했어.

네가 날 살렸구나. 내 생명의 은인, 우리 똥돌아~.

아이, 간지러워~♪ 암만 내가 좋아도 애정 표시는 여기까지만♪

그로부터 며칠 후, 정우 누나의 결혼식 날

신랑 신부 맞절!

바비큐 맛있겠네!

어서, 먹어요.

왁자지껄

흑흑~♪

누나가 시집가는 게 그렇게 슬프니♪

으앙~, 그런 게 아니에요.

그럼 오늘 같은 날 왜 울어♪

훌쩍훌쩍~, 우리 똥돌이를 어떻게 잡아먹을 수가 있어요?

아, 그것 때문에~♪ 똥돌이는 옆집 똥순이한테 장가 보냈어. 이따가 다시 데려올 거야.

정말요♪ 그렇다면….

앗싸~, 고기 먹으러 고고~♪

82

남의 똥을 먹는 동물

자기 똥을 먹는 동물이 있다면 남의 똥을 먹는 동물도
있어. 진딧물의 똥을 먹는 개미, 다른 개의 똥을 먹는 개,
초식동물의 똥을 먹는 육식동물, 그리고 누에똥, 사향고양이 똥을
먹는 사람 등이야. 왜일까? 동물이 남의 똥을 먹는 이유가 궁금하지 않니?

개미

개미는 진딧물의 똥을 먹어. 진딧물의 똥 속에는 개미가 좋아하는 단물이 듬뿍 들
어 있거든. 그 대신 개미는 진딧물이 적의 공격을 받지 않도록 보호해 줘. 서로 도
우면서 함께 살아가는 거지.

개

개가 똥을 먹는 건 어렸을 때 똥을 먹는 습성이 남아 있어서이기도 하고, 자기 영역
을 지키기 위해서이기도 해. 다른 개의 똥을 먹어 버리면 자기 구역에서 다른 개의
냄새를 없애 버릴 수 있거든. 또 주인의 관심을 끌고 싶어서야. 개밥을 먹었을 때보
다 똥을 먹었을 때 주인이 자기를 더 사랑해 줄 거라 믿는 거지. 지금이야 자기 개
가 똥을 먹으면 더럽다고 야단치겠지만, 먹을 것이 부족한 옛날에는 똥이든 뭐든
잘 먹어서 식량을 축내지 않는 개가 사랑을 받았을 거야.

육식동물

육식동물들은 초식동물을 사냥하기 위해서 초식동물의 똥을 먹는대. 초식동물의
똥을 먹으면 초식동물을 쉽게 잡을 수 있거든. 뭔 소리냐고? 초식동물의 똥을 먹은
육식동물에게서 초식동물과 비슷한 냄새가 나기 때문에 안심하고 달아나지 않는
다는 거야. 초식동물들이 오래오래 살아남으려면 자기들의 똥을 먹은 육식동물을
조심해야 할 거야.

사람

사람도 다른 동물의 똥을 먹어. 암에 효능이 있다고 해서 누에똥을 먹기도 하지. 또
맛이 좋다고 해서 사향고양이가 싼 똥에 든 커피를 먹기도 해.

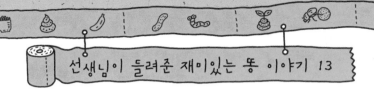

똥돼지는 왜 사람 똥을 먹을까?

똥돼지는 사람의 똥을 먹어. 제주도에는 돗통시라고 하는 전통 화장실이 있는데, 이곳은 단순히 똥과 오줌만 누는 데가 아니야. 돗통시에서 사람이 눈 똥은 돼지가 먹고, 사람 똥을 먹은 돼지가 눈 똥은 거름이 되지. 돗통시는 모양도 이상하지만 똥을 누는 방법도 좀 색달라. 여기서 똥을 누기 위해서 일단 똥을 눌 때 발을 디디는 두 개의 대인 디딜팡에 쪼그리고 앉아. 그리고 뿌지직 똥을 누면 돼지막에 있던 똥돼지가 어느새 귀신같이 알고 꿀꿀거리며 달려와 똥을 받아 먹어. 만일 사람이 돼지가 기다리던 건강한 똥이 아니거나 똥이 아닌 오줌만 누는 날엔 다가왔다가도 쌩 하고 돼지막으로 들어가 버리지. 그런데 똥을 누는데 커다란 돼지가 밑으로 다가와 똥을 먹으려고 꿀꿀거리면서 덤빈다면 좀 무서울 것 같지? 그럴 땐 미리 기다란 막대기를 준비해 놓았다가 돼지를 쫓아낸 다음 똥을 누면 돼.

제주도의 전통
화장실, 돗통시

그런데 왜 하필 똥돼지는 사람의 똥을 먹을까? 그야 사람이 돼지에게 똥만 주었기 때문이야. 사람이 돼지에게 줄 만한 양식이 없었던 거지. 그리고 사람의 똥 속에는 똥돼지가 좋아하는 영양분이 많이 들어 있어. 사람이 먹은 음식 속의 영양분이 몸속에서 모두 소화흡수 되는 건 아니거든.

똥돼지가 눈 똥은 훌륭한 거름!

사람이 눈 똥을 똥돼지가 받아먹고 똥돼지가 똥을 누면 그 똥은 훌륭한 거름으로 쓸 수 있어. 그러면 똥돼지가 눈 똥이 어떤 과정을 거쳐 거름이 되는지 볼까?

똥돼지는 사람이 똥을 누면 잽싸게 달려와서 사람 똥을 먹어. 사람의 똥을 먹은 똥돼지는 미리 사람이 깔아 놓은 짚 위에 똥을 싸고 돌아다녀. 똥을 받아먹기 위해 돼지막과 디딜팡 아래 사이에서 이리저리 왔다 갔다 하면서 자연스럽게 똥과 짚을 발로 뭉갠단다. 시간이 지나면서 똥돼지의 발로 뭉개진 돼지 똥과 짚은 서로 섞이고 어우러져 발효가 돼. 그러면 농사할 때 긴요하게 쓸 수 있는 훌륭한 거름이 만들어지는 거지.

똥돼지가 맛있는 이유와 제주도 전통 음식 돔베고기

똥돼지가 맛있는 이유는 똥돼지가 사람이 눈 똥을 먹고 살아서야. 사람의 똥 속에는 몸속에서 미처 소화되지 못하고 빠져나온 영양분이 아주 풍부하게 들어 있지. 또 사람 몸속에서 이미 어느 정도 소화가 된 것이라 흡수도 잘 되겠지.

제주도 사람들은 옛날부터 이렇게 기른 똥돼지를 삶아서 도마에 놓고 썰어서 바로 먹었는데 이것을 돔베고기라고 해. 돔베는 제주도 말로 도마라는 뜻이야. 농사며 물일로 언제나 바빴던 제주도 사람들은 따로 상을 차릴 여유가 없어서 도마에 놓은 채로 먹었는데 이것이 제주도 전통 음식인 돔베고기인 거지.

똥개와 똥돼지의 말싸움

으윽, 세상에서 제일 비위 상하는 소리야.

할짝할짝

아, 잘 먹었다. 이걸로 점심을 때워야지.

이어 뭐가 꼈나?

쩝쩝쩝!

어이~ 똥돼지야 똥을 먹고 싶으면 먹고 싶다고 솔직히 말해. 괜히 시비 걸지 말고.

나 참 기가 막혀서. 나는 너처럼 개똥은 안 먹는다.

개똥이 어때서?

개똥은 너희 종족의 똥 아니니? 그런 걸 어떻게 먹니?

그건 내 영역을 지키기 위해서 먹는 거지, 개똥이 특별히 맛있어서는 결코 아니야.

흥 거짓말 마. 좀 전까지 맛있게 먹는 걸 두 눈으로 똑똑히 봤는데? 게다가 너는 사람 똥도 맛있게 먹잖아.

그러는 너는 사람 똥 맛있게 안 먹고?

흠흠~, 내가 사람 똥을 먹긴 하지만 나는 최소한 사람 똥이 맛있어서 먹는 건 아니라고.

그런데 왜 뒷간에서 똥 떨어지기만 기다리냐?

그야 난 똥밖에 먹을 게 없기 때문이지.

아무튼 넌 만날 똥만 먹고 살잖아. 그런 네가 어쩌다 똥 먹는 나를 어떻게 더럽다고 할 수 있지?

난 사람 똥만 먹어. 하지만 넌 개똥, 사람 똥, 가리지 않고 다 먹잖아? 그러니 나보다 네가 더 더럽다는 거야.

아우~ 답답해. 똥 묻은 개가 겨 묻은 개 나무란다고요.

콰콰

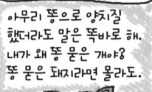

아무리 똥으로 양치질 했더라도 말은 똑바로 해. 내가 왜 똥 묻은 개야? 똥 묻은 돼지라면 몰라도.

너희들 왜 싸우는 거냐?

두루마리 휴지 할아버지? 마침 잘 오셨어요. 글쎄 매일매일 똥만 먹고 사는 이 똥돼지가 어쩌다가 똥을 먹는 나보고 더 더럽다잖아요. 어르신께서 누가 더 더러운지 가려 주세요.

음~, 누가 더럽냐 하면….

둘 다 더럽지 않아. 너희가 똥을 먹음으로써 동네도 깨끗해졌고, 거기다 밥 대신 똥을 먹음으로써 귀한 식량도 아꼈으니, 이건 더러운 게 아니라 아주 고귀한 거란다.

그렇다고 뭐 똥 먹은 게 고귀할 거까지야.

굼적 굼적

물론 고귀한 걸로 따지면 나를 따를 자가 없지만 말이다. 나야말로 평생 사람들의 똥구멍에 묻은 똥을 닦아 주어서 인류 항문 건강에 크게 이바지했지. 음하하하하~

누가 더 더러운지 가려 달라니까 결국 자기 자랑만 늘어놓고 있네.

88

쓸모가 많은 기특한 똥

똥은 더러우니까 당연히 버려야 한다고? 천만에! 똥이 얼마나 쓸모가 많은지 안다면 깜짝 놀라 뒤로 자빠질걸. 그럼 얼마나 그런지 한번 볼래?

똥으로 만든 집
인도에서는 똥으로 집을 짓는대. 집을 짓는 데 쓰는 벽돌을 쇠똥으로 만들거든. 물컹한 쇠똥이 어떻게 단단한 벽돌이 되느냐고? 우선 쇠똥을 모아서 메주를 빚듯 벽돌 모양으로 빚어 잘 말리면 쇠똥 벽돌이 완성되지. 또 마사이 족은 쇠똥과 진흙을 섞어서 집을 짓는데, 겨울엔 따뜻하고 여름엔 시원하다는구나.

따뜻한 똥불
몽골의 유목민들은 쇠똥 말린 것을 장작 대신 쓴대. 잘 말린 쇠똥은 불에 아주 잘 타고 냄새도 안 나거든. 참! 우리나라의 제주도 사람들도 쇠똥이나 말똥을 말려 불을 지펴서 방을 데우는 데 썼다는구나.

스마트 똥
옛날에는 통신 수단의 하나로 봉홧불을 이용했어. 봉홧불은 멀리서도 잘 알아볼 수 있도록 하는 게 중요했지. 그래서 탈 때 연기가 많이 나는 것을 나무와 같이 태웠는데, 그게 바로 똥이었다지 뭐야. 똥 중에서도 중국에서는 늑대의 똥을, 우리나라에서는 개나 너구리의 똥을 사용했어.

똥 종이
코끼리는 먹기도 많이 먹지만 똥도 많이 싸. 뿐만 아니라 코끼리 똥 속에는 섬유질이 아주 많이 들어 있어. 이 섬유질을 이용해 종이를 만드는 거야. 그런데 행여나 똥 냄새가 날까 걱정이라고? 걱정 붙들어 매셔. 똥에서 섬유질만 빼내 잘 씻고 햇빛에도 말린다니까 말이지.

똥 폭탄
똥으로 화약도 만들었지. 화약을 만드는 데 아주 중요한 재료인 초석은 사실 똥과 오줌에서 만들어진 거래. 똥과 오줌이 섞여서 발효된 것 속에서 초석을 뽑아 내서 화약을 만드는 데 썼다니, 이제 좀 똥이 무서워지는걸.

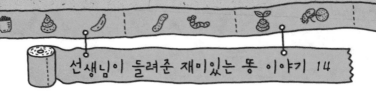
똥에서 찾아 내는 먹을거리 1

똥에서 풍미가 좋고 영양도 많으며 맛까지 있는 먹을거리를 얻을 수 있다는 거 알아? 하고 많은 음식 중에 하필 똥에서 먹을거리를 찾아 내냐고? 모르시는 말씀! 맛만 좋은 게 아니라 쉽게 먹기 힘든 아주 귀한 것들이라고.

세상에서 비싸기로 이름난 루왁이라는 커피는 고양이 똥에서 나온 거야. 고양이 중에서도 사향고양이는 잘 익은 커피만 기가 막히게 골라서 먹고 커피 원두는 똥으로 내보낸대. 그 똥 속에서 커피 원두만을 골라 깨끗이 씻어서 볶아 먹어. 그런데 똥에서 나온 커피는 아주 맛있고 향기롭다지 뭐야. 이 똥 커피가 맛있는 건 사향고양이 위액 속에 들어 있는 효소가 커피의 맛을 더욱 좋게 해 주기 때문이래. 하지만 맛있는 커피를 얻기 위해 야생 동물인 사향고양이를 잡아다가 집단으로 사육시키는 건 좋은 일은 아니야. 자연에서 자유롭게 살던 사향고양이가 우리에 갇혀 괴롭게 먹고 똥만 싸며 살아야 하니까 말이지.

그 밖에 똥에서 나온 원두로 만든 커피에는 원숭이 똥 커피, 다람쥐 똥 커피, 코끼리 똥 커피도 있어. 그런데 동물마다 위에서 나오는 소화액이 달라서 그 동물이 눈 똥 속의 커피도 맛이 다 달라. 생긴 게 다르니 똥의 모양도 다른 건 당연하겠지만 싼 똥에 든 커피의 맛도 제각각이라니 참 신기하지?

똥에서 찾아 내는 먹을 거리 2

모기 눈알 수프라는 음식의 주재료는 이름 그대로 모기 눈알이야. 모기 눈알은 박쥐의 똥에서 찾아낸 식재료란다. 중국 쓰촨 성에는 박쥐가 서식하는 동굴이 수도 없이 많아. 사람이 박쥐 동굴로 들어가 수북이 쌓인 박쥐 똥을 긁어모아 물에 푼 다음 망이 아주 촘촘한 고운 채로 여러 번 걸러내 모기 눈알을 얻지. 모기 눈알의

크기는 기껏해야 지름 1밀리미터도 안 되는데 그것들을 걸러내려면 채도 아주 촘촘해야 하겠지? 그런데 그렇게 작은 모기 눈알이 왜 똥으로 나오는 걸까? 그건 모기 눈알이 아무리 작아도 박쥐는 그걸 소화시킬 수가 없어서야. 모기의 다른 몸 부분은 다 소화되고 소화가 안 되는 모기 눈알만 그대로 몸 밖으로 나오는 거지.

1인분의 모기 눈알 수프 안에 얼마나 많은 모기 눈알이 들어 있을지는 상상도 할 수 없을 정도야. 그런 모기 눈알을 씻고 걸러내 식재료로 삼은 요리사의 인내력이 참 대단하지? 그것도 박쥐 똥의 지독한 냄새를 기꺼이 참아 가며 말이야.

호랑이가 무서우면 호랑이 똥도 무섭다

호랑이 같은 육식동물이 사라진 우리나라의 산에는 멧돼지나 고라니 등이 지나치게 많아. 그러다 보니 산에는 먹이가 부족해서 배가 고픈 동물들이 먹을 것을 찾아 마을로 내려와. 그러고는 농민들이 애써 가꾼 농작물을 마구 먹어 치워. 농사를 망칠 수 없는 농민들은 산에서 내려온 동물들로부터 농작물을 지키기 위해 여러 방법을 쓰지. 그 중 하나가 호랑이 똥을 논밭 주위에 뿌려 놓는 거야. 그러면 농작물을 먹으려 논밭으로 내려온 야생 동물들이 호랑이 똥 냄

호랑이 똥

새를 맡고 호랑이가 있는 줄 알고 도망가 버려. 똥이 경비원 역할까지 하니 똥, 너의 능력의 한계는 대체 어디까지인 거니?

이상한 전학생

쇠똥구리들이 다니는 튼튼초등학교.

등교 첫날이 설레는걸.

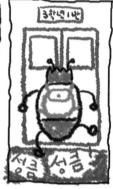

3학년 1반

성큼 성큼

오늘부터 너희들과 함께 공부할 전학생이야. 산 너머 '골골초등학교'에서 우등생이었다는구나.

크크크~, 골골 초등학교래.

깔깔깔, 학생들이 얼마나 골골거렸으면.

쟤 무슨 남자애가 목걸이를 했대?

가만? 저건 목걸이가 아니라 돋보기잖아.

조용조용~, 이렇게 떠들면 전학생이 어떻게 자기 소개를 하겠니?

92

나는 골골초등학교에서 전학 온 똥구리라고 해. 난 이 학교가 아주 맘에 들어. 앞으로 잘 부탁한다.

쨍!
휙!

크크크, 인사하다 자기 돋보기에 자기가 맞았어.

와~ 음향 효과 끝내주네.

아이쿠~, 머리 안 깨졌나 몰라.

후유~, 하마터면 깨뜨릴 뻔했네.

똥구리 학생, 저기 쇠똥이 옆에 가서 앉거라.

바르게 싸라!
똥지도
똥 경단 만들기 실습!
야~, 저 소똥 덩어리 맛있겠다.

오늘은 그동안 배웠던 똥 경단 만들기 실습하는 날이다. 똥구리가 성적이 우수했다고 하니 실력을 한번 지켜보는 게 어떨까?

와~! 와~! 짝짝짝짝!

킁킁킁. 음, 구수한 똥 냄새.

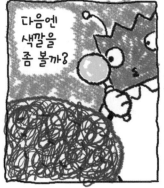
다음엔 색깔을 좀 볼까?

오, 누리끼리한 게 색깔도 아주 좋군.

93

똥 색깔을 보는 데 무슨 돋보기가 필요해. 재 심한 거 아냐?

딩굴 디굴 뭉글 데굴 데굴

와~, 대단해. 5분도 안 돼서 똥 경단을 다 만들었어.

와~! 헐~!

스피드 하면 날 따라올 쇠똥구리가 없을걸.

속도가 굉장하구나. 그런데 그게 끝이니?

보시다시피 똥 경단을 다 만들었는데 뭐가 더 필요하죠?

냄새도 맡고 색깔도 잘 관찰했지만 정작 먹어 보진 않았잖니.

냠냠 냠냠

아참, 맛을 보는 걸 잊었네.

쿵!

냄새나 색깔을 보는 것도 중요하지만 맛을 보아야 농약처럼 안 좋은 게 들어 있는지 알 수 있단다.

그리고 빨리 만드는 것보다 튼튼하게 만드는 게 중요해. 자, 보렴.

톡!

헉!

풀썩!

풀썩!

사람들 따라하다 큰일나는 수가 있단다.

94

쇠똥구리는 쇠똥을 굴리는 최고의 아티스트

쇠똥구리는 이 세상에서 쇠똥을 가장 좋아하는 동물이야. 쇠똥을 하루도 빼놓지 않고 매일매일 먹거든. 자기의 소중한 알도 쇠똥 경단 안에 낳아. 쇠똥구리의 새끼들이 알에서 깨어나면 쇠똥 경단 안에서 경단을 먹으면서 자라. 애벌레가 어느 정도 자라면 번데기가 되고, 번데기가 표피를 벗으면 비로소 작은 쇠똥구리 모습을 하고 경단 안에서 빠져 나오지. 이렇게 소중한 쇠똥이니 소가 똥을 누면 쇠똥구리가 그 누구보다 먼저 출동할 밖에.

쇠똥 속에는 쇠똥구리가 좋아하는 영양 성분이 많이 들어 있어. 소가 풀을 먹고 미처 다 소화되지 않은 것들이 그대로 똥이 되어 밖으로 나오기 때문이지. 쇠똥구리는 쇠똥을 가지고 자기 몸집보다 몇 배는 큰 똥 경단을 만드는데, 공 모양으로 둥글게 만드는 솜씨로 치면 어떤 동물도 따라 오지 못할 거야. 똥 경단이 굴러 가기 알맞게 빚는 건 쉬운 일이 아니야. 자칫 단단하지 않게 똥 경단을 만들었다가는 똥 경단을 굴려 집으로 가져가는 도중에 주저앉을 수 있어. 반대로 너무 단단하게 빚는다면 조그마한 충격에도 쪼개질 수 있지. 그러니까 쇠똥구리는 똥 세계의 최고의 아티스트라고 할 수 있을 거야.

똥 경단을 빚는
쇠똥구리

쇠똥구리가 먹을 만한 좋은 똥이 없다고?

지구 상에서 쇠똥구리가 점점 사라지고 있어. 이러다간 얼마 지나지 않아 쇠똥구리가 모두 멸종될지도 몰라. 반달가슴곰이나 구렁이, 매, 장수하늘소처럼 말이야. 쇠똥구리가 사라지는 이유는 쇠똥구리가 먹을 쇠똥이 없기 때문이야. 소가 그렇게 많은데 쇠똥이 없다니 말도 안 된다고? 쇠똥은 많지만 정작 쇠똥구리가 먹을 만한 쇠똥이 없다는 거야. 왜냐하면 소가 병들어 죽지 않게 하려고 사람들이 소에게 사료를 줄 때 사료 속에 항생제를 넣기 때문이야. 항생제가 들어간 사료를 먹은 소는 항생제가 들어 있는 똥을 누지. 또 소가 먹는 풀에 사는 벌레들을 잡기 위해 농약과 살충제를 뿌려. 농약, 살충제가 들어간 풀을 먹은 소는 농약, 살충제가 들어 있는 똥을 누지. 이렇게 항생제와 농약, 살충제가 들어 있는 똥을 쇠똥구리가 먹으면 쇠똥구리는 죽고 말아. 그러니 쇠똥구리를 살리기 위해서는 항생제나 농약, 살충제를 함부로 사용하지 않도록 해야겠지?

쇠똥구리의 먹이를
제공하는 소

똥도 가려 먹는 쇠똥구리!

쇠똥구리는 쇠똥을 깨끗이 먹어 치워서 지구의 똥 청소부나 다름없어. 그런데 쇠똥구리라고 해서 쇠똥만 먹는 건 아니야. 양이나 코끼리, 기린, 얼룩말 같은 초식 동물의 똥을 다 먹지. 쇠똥구리는 종류가 많아서 각자 좋아하는 동물의 똥이 다르단다. 몇 해 전 소와 양을 많이 키우는 오스트레일리아에서는 자기 나라에 사는 쇠똥구리를 두고 다른 나라에서 쇠똥구리를 사다가 풀어놓았어. 오스트레일리아에 사는 쇠똥구리들은 코알라나 캥거루가 눈 똥만을 좋아해서 소나 양이 눈 똥을 도무지 먹지 않아 온 나라가 소똥 무더기 속에 파묻힐 판이었거든. 그래서 할 수 없이 양이나 소가 눈 똥을 좋아하는 쇠똥구리를 다른 나라에서 사들였단다. 그러고 보면 쇠똥구리의 입맛도 보통 까다로운 게 아니지?

소똥

대관람차 안에선 무슨 일이?

야~, 올라가기 시작한다.

저 꼭대기까지 올라가면 기분이 어떨까? 생각만 해도 짜릿짜릿해.

그것보다 무사히 한바퀴 돌길 바라야지.

에이~, 걱정 마. 대관람차가 고장났다는 소릴 한 번도 못 들어 봤거든.

빨리 아래로 내려갔으면 좋겠네.

걱정 붙들어 매시고 느긋하게 즐기자고.

어? 또 신호가 왔어. 방귀가 나올 거 같아.

내가 싸 온 프라이드 치킨 정말 맛있지 않았냐? 거기다 시원한 콜라까지. 난 정말 센스쟁인가 봐.

한 시간 전.

이것도 먹어.

어어~, 그래. 네 덕에 맛있게 먹었어.

기름진 닭고기에 콜라까지 먹었더니, 가스가 많이 생겼나 봐. 센스 없는 녀석, 그런 음식을 잔뜩 먹이다니. 으으, 어떡해? 방귀가 나오려고 해.

큭큭, 고작 반밖에 안 올라왔는데 너 벌써 무서운 거냐?

방귀는 왜 나올까?

우리는 껌을 씹거나 음식을 먹을 때 단물이나 음식만 씹어 삼키는 게 아니라 공기도 함께 삼켜. 이렇게 우리도 모르는 사이에 음식과 함께 삼킨 공기는 사라지지 않고 음식물이 위에서 작은창자와 큰창자에 이를 때까지 함께 움직여. 아! 몸 밖으로 먼저 빠져나간 공기가 있기는 해. '꺼억~' 하고 시원하게 트림할 때 나간 공기 말이야.

몸속으로 들어온 공기는 질소, 산소, 이산화탄소 등인데 위나 작은창자에서 채 소화되지 않고 남은 찌꺼기들과 함께 큰창자로 들어와. 큰창자에서는 음식물 찌꺼기들이 세균에 의해서 분해되는데 이 과정에서 수소가 생기지. 이 수소와 들어온 공기와 결합하여 메탄가스 등이 생겨. 여기에 음식물에 섞여 있던 유황과 뒤섞이면서 마침내 고약한 냄새를 풍기는 방귀가 생기는 거야. 한마디로 방귀는 우리가 음식물을 먹을 때 들어온 공기와 음식물 찌꺼기에서 나온 가스가 뒤섞여 만들어지는 똥 가스인 셈이지.

이 똥 가스가 큰창자 안에 자꾸 모여 더 이상 큰창자가 잡아두기 어려울 정도로 많아지면 괄약근을 열어젖히고 몸밖으로 '뿌앙!' 하고 터져 나오는데, 이게 바로 방귀야.

방귀는 음식물 찌꺼기가 썩으면서 생긴 것이니까 조금도 몸에 이로울 게 없는 가스야. 따라서 생기는 대로 내보는 게 좋아. 방귀를 참으면 몸속으로 다시 흡수되서 병이 날 수도 있으니 말이지.

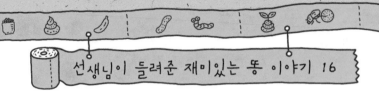

방귀 소리와 방귀 냄새

　방귀를 뀔 때 뿌웅~ 하고 방귀 소리가 나는데, 방귀 소리는 왜, 어디서 나는 걸까? 방귀가 빠져나오는 장소인 항문에는 괄약근이라고 하는 근육이 있어. 똥이나 방귀가 아무 때나 새어나오지 못하도록 꽉 조이는 역할을 하는 근육이지. 그런데 괄약근은 똥과 방귀를 차별한단다. 그게 무슨 소리냐고? 똥을 눌 때는 꽉 조이고 있던 근육을 느슨하게 풀어 주지만 방귀를 뀔 땐 그렇지가 않아. 근육을 꽉 조이고 있는 상태에서 방귀를 내보내는 거지. 좁은 구멍으로 한꺼번에 많은 양의 가스가 빠져나오려면 무척 힘들겠지. 너무 힘든 나머지 항문의 괄약근이 부르르 떨리면서 '뿌웅~' 하는 소리가 나는 거야.

！ 방귀가 많이 생기는 음식

계란

콩

고구마

우유

사람들이 많을 때 방귀 소리가 나면 무척 민망하지? 거기다가 방귀 냄새까지 동반한다면 더욱 창피할 거야. 방귀 뀔 때 방귀 냄새가 나는 건 대부분 우리가 먹는 음식물에 포함되어 있는 황 때문이야. 대장에서 생긴 메탄가스가 황과 결합하면 방귀 냄새가 만들어지지. 이 때 장속에 있는 세균이 둘을 연결시키는 역할을 해. 그렇다면 황과 결합하기 전의 가스는 냄새가 날까? 놀랍게도 원래의 가스는 아무 냄새도 나지 않는단다.

고기 반찬 혹시 좋아하니? 그런데 이건 몰랐을걸. 특히 고기 반찬을 많이 먹었을 때 고기 속에 들어 있는 영양소인 단백질이 발효되면서 황을 많이 발생시킨다는 거. 고기 반찬을 많이 먹었을 때 방귀 냄새가 더 고약한 건 그 때문이야. 고기 말고도 단백질 식품인 계란, 콩, 아몬드, 연어 같은 걸 먹었을 때도 마찬가지란다.

방귀를 뀌어야만 밥을 먹을 수 있다고?

수술 환자는 수술이 끝나고도 곧바로 밥을 먹을 수가 없어. 담당의사가 수술 환자에게 다가와 "방귀를 뀔 때까지는 밥을 먹으면 안 됩니다." 하고 식사 금지령을 내리지. 방귀를 뀌기 전까지는 밥을 먹을 수 없다니 왜 그럴까? 방귀가 무슨 밥을 먹어도 된다는 신호를 내리기라도 하는 걸까? 그래! 바로 그거야.

수술을 하려면 마취제를 맞아야 하는데 몸을 마취하면 몸속 내장도 함께 마취가돼. 수술 후 정신이 깨어나고 팔다리를 자유롭게 움직이며 걸어다닐 수 있을 때까지도 내장은 아직 마취에서 깨어나지 못해서 움직임이 아주 약하지. 그래서 음식을 밀어내는 연동 운동이 일어나지 않아. 그런데 수술 후 뿡~ 하고 첫 방귀가 나왔다면 그건 장이 잘 움직여서 밥을 소화시킬 준비가 되었다는 신호야. 그래서 방귀를 뀌어야만 밥을 먹을 수 있다는 말이 나온 거야.

아, 미치도록 방귀를 뀌고 싶다!

수지야~!
수지야~!

수지야~,
잠깐만 기다려~

헉헉헉! 방귀 뀐 게 무슨
대수라고 그렇게 도망가?

넌 방귀 뀐 사람이 아니니까
그렇게 말하는 거야.

이 세상에 방귀 안 뀌고 사는
사람이 어딨겠니? 나도 방귀를
얼마나 뿡뿡 뀌고 다니는데.

흥! 거짓말 마! 내 앞에서 한 번도
방귀 뀐 적이 없잖아.

없긴 왜 없어. 너 모르게
화장실에 가서 뀌어서
너가 몰랐던 거지.

그럼 화장실이
없을 땐
어떻게 했지?

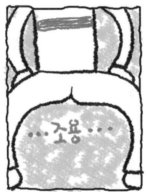

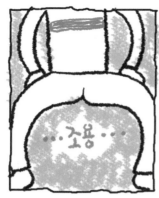

안 나오는 방귀, 참는 방귀, 자주 뀌는 방귀

이 세상에 방귀를 안 뀌고 사는 사람은 없어. 방귀는 건강한 사람이라면 누구나 뀌는 자연스러운 생리 현상이거든. 그런데 만일 방귀가 안 나온다면 어떨까? 방귀를 뀌고 싶어도 못 뀐다면 그건 장의 건강이 좋지 않은 거야.

또 방귀를 억지로 참아서 전혀 방귀를 뀌지 않는다면 어떨까? 장속에 있는 가스가 밖으로 나오지 못하니 안에 잔뜩 쌓이겠지. 그러면 장은 풍선에 바람을 불어넣은 것처럼 빵빵하게 부풀어오르게 된단다. 장이 빵빵하면 장운동을 제대로 할 수가 없어서 잘못하면 변비가 될 수도 있어. 방귀를 참는 것 역시 장 건강에는 해로운 거지. 그렇지만 방귀를 참는다고 해서 지나치게 많은 양이 몸 안에 쌓이지는 않아. 왜냐하면 잠잘 때에 자기도 모르게 방귀를 뀌거나 똥을 눌 때 방귀도 같이 나오기 때문이지.

방귀를 자주 뀌어서 방구쟁이라고 놀림 받는 사람은 어떨까? 사람은 하루에 보통 10~40회 정도 방귀를 뀌어. 양으로 치면 200밀리리터에서 1500밀리리터가량 되지. 하지만 횟수도 많고 양도 많은 방귀쟁이라고 해서 꼭 장이 나쁜 건 아니야. 방귀는 먹는 음식에 따라 차이가 나는 것일 뿐이거든.

방귀 금지 표지판

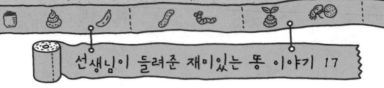

방귀를 많이 나오게 하는 음식

방귀는 음식을 먹을 때 함께 들어간 공기와 장속 가스가 몸 밖으로 나오는 것이라고 했잖아? 그렇다면 음식을 먹을 때 자기도 모르게 공기를 많이 들이마시게 되는 걸 먹으면 방귀가 많이 나오겠지? 정답이야. 다른 음식을 먹을 때보다 더 많은 공기를 들이마시게 되는 게 뭐가 있을까? 사탕이나 껌 같은 종류야. 사탕이나 껌은 오랫동안 빨아 먹고 씹어 먹기 때문이지.

또 아이스크림, 우유, 치즈 같은 유제품은 유당을 분해하는 효소가 적은 사람들이 먹으면 방귀를 많이 뀌게 돼. 특히 나이가 들면 몸속에서 분비되는 유당 분해 효소가 줄어드니까 나이가 든 분께는 유제품을 많이 권하지 않는 게 좋아. 그 밖에 콩류나 빵, 밀가루, 파, 당근, 양배추, 샐러리, 건포도, 살구, 바나나, 자두, 감귤 같은 채소와 과일을 많이 먹었을 때 방귀가 많이 나와.

스컹크의 방귀는 방귀가 아니다?

스컹크는 적이 나타나거나 위험에 처했을 때 고약한 냄새가 나는 방귀를 뀌고 도망가는 동물로 잘 알려져 있어. 아주 유명한 방귀쟁이 중 하나지. 하지만 스컹크에게 방귀쟁이라는 별명을 지어 주는 건 적절하지 않아. 왜냐하면 스컹크의 그 고약한 냄새는 방귀가 아니거든. 사람을 비롯한 포유류는 항문을 통해 방귀를 뀌지. 그런데 스컹크의 고약한 냄새는 항문이 아니라 항문 바로 옆에 있는 항문선에서 나와. 그러니까 방귀가 아니라 적을 물리치기 위한 화학무기 같은 거지. 스컹크의 이 기발한 무기는 한 번 발사하면 1킬로미터까지 퍼진다니 위력이 참 대단하지. 이 정도면 어떤 무시무시한 적이라도 놀라서 줄행랑을 치고 말 거야. 만약 스컹크가 방귀를 뀌어서가 아니라 방귀처럼 고약한 냄새를 풍긴다는 의미로 스컹크에게 방귀쟁이라고 불러 줬다면 그건 스컹크를 아주 귀엽게 불러 주는 게 아닐까 몰라.

스컹크

소의 방귀는 지구 온난화 원인 중 하나!

소는 한번 먹이를 씹어 삼키면 그만이 아니야. 게워 내 다시 씹는 되새김질을 하지. 사람에게는 위가 하나밖에 없지만 소는 위가 여러 개야. 위가 여러 개인 동물만이 되새김질을 할 수 있어. 덕분에 풀 속에 있는 섬유질을 너끈히 소화시키지. 섬유질을 쉽게 소화하기 위해서 위 속에서 먹이를 발효시키기 때문에 가능한 일이야. 이 발효 과정에서 메탄가스가 발생하는데, 소가 트림을 할 때나 방귀를 뀔 때 밖으로 나오지. 그런데 소의 위가 하나가 아니라 4개나 되니까 거기서 나오는 메탄가스도 엄청나게 많아.

그런데 소가 방귀를 뀌는 게 지구의 입장에서 볼 땐 그리 반가운 일이 아니야. 소가 트림을 하거나 방귀를 뀔 때 나오는 메탄가스의 양이 엄청나기 때문이지. 그게 얼마나 많냐고? 놀라지 마! 대기 중으로 배출되는 전체 메탄가스 중에서 20퍼센트를 차지해. 거기다가 메탄가스는 이산화탄소보다 30배나 강력한 온실가스로 지구 온난화에 영향을 줘. 그래서 소 주인에게 '소 방귀세'라는 세금을 물리려는 나라까지 있어.

소의 방귀나 트림이 이렇게 문제가 된다니 소고기를 좀 덜 먹는 걸 어떨까? 그러면 소를 덜 키우고, 소의 방귀와 트림도 줄어들 테니까 말이야.

엄마! 뭐 잊은 거 없어요?

다 읽었다♪

엄마♪ 또 읽어 주세요.

엉♪ 또야♪ 벌써 20권째야.
그러지 말고 우리,
술래잡기 할까♪

술래잡기♪
좋아 좋아♪

술래가 '못 찾겠다 꾀꼬리♪'
할 때까지 꼭꼭
숨어 있는 거야.

예~

안 내면 술래,
가위 바위 보!

에이 참♪ 엄마가 술래네♪
우리 정우 얼른 숨어♪

내가
이겼다!

꼭꼭 숨어라~,
머리카락 보인다.

자, 이제 찾는다. 꼭꼭 숨어 있어.

갑자기 오줌이 마려워.

우리 정우 어디 있나?

요기 있나? 없네. 조기 있나? 없네. 어디에 숨었을까?

따르르릉~ 따르르릉~

?

여보세요? 어, 상민 엄마. 어쩐 일이야?

호호호. 근데 우리 택배 물건이 거기 있다고? 그래, 지금 바로 갈게.

안 그래도 이게 왜 안 오나 걱정하고 있었는데. 고마워.

정우 엄마 차 한 잔 하고 가. 마침 딸기 케이크가 있거든.

그럴까?

호호호.

깔깔깔, 그만 웃겨 상민 엄마.

아차, 우리 아들!

택배 물건은 가져 가야지.

정우야!

드르륵~

111

정우야!

엄마~

나 좀 빨리 찾지. 나 오줌 쌀 것 같아.

오줌 마려우면 얼른 화장실 가지 그랬어?

짤끔

오줌 마려워도 꾹 참았어. 엄마가 날 찾을 때까지 숨어 있어야 하잖아.

후유~ 살았다!

그래, 엄마가 미안하다.

엄마가 뭐가 미안해?

으응~, 엄마가 정우를 너무 늦게 찾았잖아.

히히~, 내가 너무 찾기 어려운 데 숨었나?

근데 엄마? 이상하게 오늘은 왜 금방 오줌이 마려웠지?

물이 많이 든 음식을 먹어서지. 아까 음료수도 많이 먹고 수박도 먹었잖아?

그럼 앞으론 오줌이 안 나오게 음료수나 수박을 안 먹을 거야. 그래야 술래한테 안 들키지.

몸속의 나쁜 찌꺼기가 물에 섞여 나오는 게 오줌이니까 오줌은 누는 게 좋아. 대신 술래잡기 할 땐 미리 화장실을 가도록 하자.

오줌은 왜 생길까?

오줌은 우리 몸에 들어온 물질이 우리 몸을 순환하면서 영양분을 흡수하고 남은 노폐물이 물과 함께 요도를 통해 몸 밖으로 나오는 것을 말해. 그러니까 오줌은 몸의 건강을 위해 몸속에서 생긴 해로운 물질을 몸 밖으로 내보내기 위해서 생기는 거란다.

만일 우리 몸속에서 오줌이 생기지 않는다면 어떻게 될까? 혈액 속의 노폐물이 걸러지지 않은 채 계속 돌게 될 거야. 그건 몸속에 필요 없는 물질을 꾸역꾸역 쌓아 놓는 거나 마찬가지지. 노폐물 속에는 우리 몸에 해로운 물질이 많이 들어 있는데, 그걸 하나도 버리지 못한 채 말이야. 몸속에 해로운 물질이 쌓이면 몸이 병들고 말겠지? 우리 몸에는 혈액 속의 이런 노폐물을 걸러내는 역할을 하는 콩팥이 두 개나 있어. 덕분에 혈액이 깨끗해질 수 있단다.

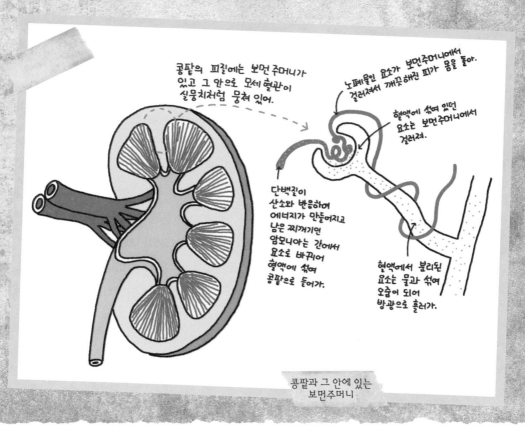

콩팥의 피질에는 보먼 주머니가 있고 그 안으로 모세 혈관이 실뭉치처럼 뭉쳐 있어.

노폐물인 요소가 보먼주머니에서 걸러져서 깨끗해진 피가 몸을 돌아.

혈액에 섞여 있던 요소는 보먼주머니에서 걸러져.

단백질이 산소와 반응하여 에너지가 만들어지고 남은 찌꺼기인 암모니아는 간에서 요소로 바뀌어 혈액에 섞여 콩팥으로 들어가.

혈액에서 분리된 요소는 물과 섞여 오줌이 되어 방광으로 흘러가.

콩팥과 그 안에 있는 보먼주머니

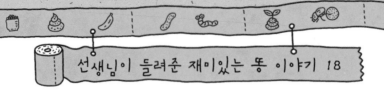
건강 상태를 알 수 있는 오줌의 색깔

오줌 색깔하면 보통 노리끼리한 색만 떠올려. 하지만 사실은 아무 색이 나지 않는 것도 있고, 약간 노르스름한 것도 있으며, 진하게 누리끼리한 색도 있는 등 여러 가지지. 또 맑은 색도 있고 탁한 색도 있어. 이렇게 오줌 색깔에 차이가 나는 이유는 유로크롬이라는 물질 때문이야. 이 색소가 오줌 속에 많이 들어 있으면 오줌의 색깔이 진해지는 것이고, 반대로 이 색소가 적게 들어 있으면 오줌색이 옅어지는 것이지. 만일 몸속에 수분이 많다면 오줌의 양도 많아지고 색소의 농도가 낮아져서 색도 무색이거나 아주 옅겠지? 반대로 몸속에 수분이 적다면 오줌의 양도 적어지고 색소의 농도가 높아져서 색도 아주 짙은 누리끼리하겠지?

공중 화장실의
소변기

오줌의 색을 보면 건강 상태를 알 수 있단다. 맑고 투명한 오줌은 정상적인 오줌이야. 탁한 오줌은 보통 몸에 병이 있을 때 생기는데 꼭 그렇지만은 않아. 변기에 오줌을 누고 물을 내리지 않은 채 오랜 시간 동안 그대로 두면 오줌이 공기와 만나 산화되면서 색깔이 탁해지기도 해. 또 먹는 음식에 따라 색깔이 탁해지기도 해. 그리고 몸 안에 수분이 적을 때도 오줌의 색깔이 탁해지니까 이 오줌 역시 건강한 사람의 정상적인 오줌이지. 단, 늘 오줌이 탁하다면, 몸에 이상이 있다는 신호이니 검사를 받아봐야 해.

같은 듯 다른 땀과 오줌

혈액 속의 노폐물을 걸러 땀과 오줌이 몸 밖으로 나오는 것을 배설이라고 해. 그리고 땀이 나오는 땀샘과 오줌을 만드는 콩팥을 합해 배설 기관이라고 하지.

땀과 오줌의 공통점은 혈액 속 노폐물이 걸러져서 액체의 형태로 몸 밖으로 나온다는 거야. 그래서 땀과 오줌의 성분은 아주 비슷해. 땀은 99%, 오줌은 95%가 물로, 둘 다 물이 대부분을 차지하지. 물 이외에는 노폐물로 되어 있다는 점도 같지. 몸속 노폐물이 걸러진 것이 땀과 오줌이니 땀과 오줌 속에 노폐물이 공통으로 들어 있다는 건 당연한 얘기지만 말이야. 다만 땀 속엔 소금이, 오줌 속엔 요산과 요소가 들어 있다는 점이 달라. 또 땀과 오줌은 각각의 독자적인 역할이 있다. 땀은 체온을 조절하는 역할을 하고, 오줌은 독성이 강한 암모니아를 요소로 바꾸어 내보내고 몸속 물의 양과 삼투압의 균형을 적절하게 맞추는 역할을 해.

그리고 둘 다 매일매일 몸 밖으로 나온다는 점도 빠뜨릴 수 없지. 이렇게 땀과 오줌이 하루도 빠짐없이 꼬박꼬박 나오는 이유는 몸속에 노폐물이 계속해서 생기기 때문이야.

새는 똥구멍으로 똥도 누고 오줌도 눈다

사람의 똥은 항문을 통해 나오고 오줌은 요도를 통해 나오지만 새의 똥과 오줌은 똥구멍으로 나와. 즉, 똥과 오줌이 따로따로 나오는 게 아니라 똥 속에 오줌이 섞여 한꺼번에 나온다는 거지. 새와 같은 조류에게는 포유류에게 있는 방광이 없어서 몸속의 찌꺼기들이 요산염으로 만들어져 똥과 함께 나오는 거야. 새가 하늘을 날려면 몸이 가벼워야 하고 몸이 가벼우려면 배설 기관을 줄여야 했는지도 몰라. 새의 똥을 관찰해 보면 똥 속에 흰색의 밀가루 반죽같이 생긴 덩어리가 있는 걸 볼 수 있는데, 그게 바로 요산염이야. 포유류에게는 요소가, 조류에게는 요산염이 배설된다는 차이가 있어.

물방울의 몸속 여행

온몸을 돌아다녔더니 피곤하네.

단백질이 분해되면서 독한 암모니아가 생기는데, 암모니아는 간에서 요소로 변해. 얘 땜에 피가 탁해져서 그럴 거야.

요소

물방울

너무 그러지 마. 조금 있으면 난 몸 밖으로 나갈 거야.

정말? 좋겠다. 나도 밖으로 나가고 싶다. 혈관 속은 좁아서 너무 답답해.

운이 좋으면 너희도 나갈 수 있을 거야. 대부분은 다시 캄캄한 혈관을 돌아야 하겠지만.

이야~, 이제 우리도 고향인 바다로 갈 수 있겠네.

드디어 신장으로 들어가는 거야.

우, 혈관이 좁아졌어.

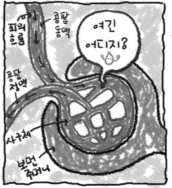

피의 흐름

콩팥 동맥

여긴 어디지?

콩팥 정맥

사구체

보먼 주머니

여긴 콩팥 속을 지나가는 사구체라는 작은 혈관 뭉치야. 여기서 걸러지면 오줌의 형태로 몸 밖으로 나가.

동그란 실뭉치처럼 생겨서 사구체라고 해.

116

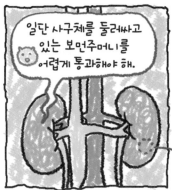

세뇨관이야. 여기부터 조심해야 해. 다시 혈관으로 빨려들어 갈 수 있거든.

아악~, 모세혈관으로 빨려들어 간다!

안 돼! 나랑 같이 몸 밖으로 나가야지.

쏙!

그만해. 너까지 위험해.

너무 슬퍼하지 마. 바깥에서 기다리면 언젠가 나올 거야.

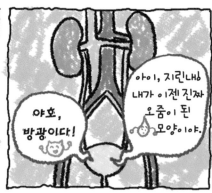

야호, 방광이다!

아이, 지린내ㅎ 내가 이젠 진짜 오줌이 된 모양이야.

야, 너 아까 모세혈관으로 가더니 언제 여기로 왔어?

다시 세뇨관으로 흡수돼서 여기까지 왔지. 우리 요소들이야 몸에 필요 없는 애들이니까 어떻게든 몸 밖으로 내보내지 않냐, 크크크.

그런데 너 혹시 눈썹 치켜올라간 물방울 친구 아니니?

그래 맞아. 어떻게 내 친구를 알아?

모세혈관을 흐르다가 만났는데 자기는 땀샘에서 땀이 되어 몸 밖으로 나갈 거래.

자기가 되고 싶다고 맘대로 땀이 되나? 어쨌든 잘됐다. 이제 곧 요도를 지나 밖으로 나갈 테니 곧 만나겠네.

야호ㅎ 몸 밖으로 나가면 수증기가 되어 하늘로 날아올라야지. 내 친구도 만나고 말이야.

쏴아~!

오줌이 되어 나오기까지 거치는 길

오줌은, 혈액 속의 노폐물을 걸러내는 콩팥에서 만들어지지. 콩팥을 지나가는 모세혈관인 사구체에서 보먼주머니로 오줌이 걸러져. 이 오줌은 세뇨관에서 혈관으로 다시 한번 걸러져서 깨끗한 것은 대부분 흡수되고, 나머지는 오줌관을 따라 내려가다가 방광에 모여. 방광은 쉽게 말하면 오줌보야. 오줌보에 오줌이 차올라 250밀리리터 정도가 되면 오줌이 마려운 것을 느끼지. 이때 오줌을 누면 오줌은 요도를 통해 몸 밖으로 나오는 거야.

콩팥
몸통의 허리쪽 양옆에 있고, 강낭콩 모양으로 생겼으며, 혈액 속의 노폐물을 걸러내 오줌을 만드는 역할을 해. 모세혈관이 털뭉치처럼 뭉친 사구체와 사구체를 둘러싸서 오줌을 모으는 보먼주머니, 그리고 오줌이 만들어져 흐르는 관인 세뇨관으로 이루어져 있어.

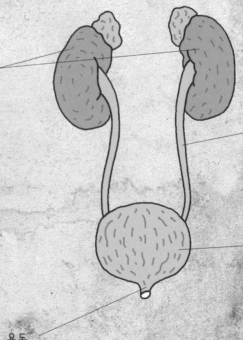

오줌관
콩팥에서 만들어진 오줌이 방광으로 가기 위한 긴 관이야.

방광
콩팥에서 만들어진 오줌을 모아 두는 곳이야.

요도
오줌이 밖으로 나오는 통로야.

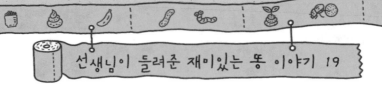
겨울에 오줌이 자주 마려운 이유

혈액 속의 노폐물을 몸 밖으로 내보내는 것을 배설이라고 했어. 몸 밖으로 내보
내야 할 배설물에는 이산화탄소, 물, 암모니아 등이 있지. 이산화탄소는 폐를 통해
숨을 내쉬어 몸 밖으로 쉽게 내보낼 수 있어. 또 암모니아는 간에서 요소로 변해서
오줌으로 나오지. 그럼 물은 어떻게 될까? 물은 숨을 내쉴 때 일부 내보내고 땀을
흘리거나 오줌을 누거나 해서 다양하게 몸 밖으로 내보낼 수 있단다.

그런데 땀을 아주 적게 흘리는 추운 겨울엔 어떨까? 더운 여름엔 땀을 많이 흘
려 물을 몸 밖으로 쉽게 내보낼 수 있지만 겨울엔 힘들어. 숨을 내쉬면서 내보낼
수 있는 물의 양은 한계가 있으니 땀으로 내보낼 수 없는 나머지 물은 몽땅 다 오
줌으로 내보내야 하겠지. 그래서 겨울엔 오줌이 자주 마려운 거란다.

추운 겨울 거리를
걷는 사람들

이불에 지도를 그리는 증세, 야뇨증

밤에 잠을 자다가 오줌을 싸는 것을 야뇨증이라고 해. 야뇨증에 걸리면 화장실에 가서 제대로 오줌을 싸는 게 아니라 잠자리에서 그대로 오줌을 싸서 이불에 세계 지도를 그려 놓기도 하지. 야뇨증은 낮에는 멀쩡히 오줌을 잘 가리다가 밤에만 오줌을 싸는 증상이야. 그러니까 더 답답한 노릇이지.

야뇨증의 원인은 여러 가지야. 정상적인 사람은 밤에는 소변이 많이 만들어지지 않는 데 비해 야뇨증에 걸린 사람은 밤에도 소변이 많이 만들어져. 야뇨증은 밤에 작용하는 항이뇨호르몬에 이상이 생긴 경우에 생긴단다. 또 부모에게 야뇨증이 있었을 때 자녀에게도 야뇨증이 생기는 경우가 많지. 그리고 방광에 오줌을 모을 수 있는 양이 줄어들었을 때도 야뇨증이 생겨.

중요한 건 밤에 오줌을 쌌을 때 오줌싸개라고 놀리거나 호되게 야단치는 것은 야뇨증을 치료하는 방법이 아니라 오히려 그 반대라는 거야. 스트레스를 받기 때문에 야뇨증이 더 심해질 수 있거든. 그러니 오줌을 쌌다고 무조건 야단치지만 말고 원인을 잘 찾아서 치료하고, 또 오줌을 가린 날엔 칭찬을 해 줘서 용기를 북돋우는 것이 중요해.

이불에 오줌을 싸고 키를 쓴 아이

깜상은 못 말려!

이번엔 저 나무까지
누가 먼저 가나
시합이야.

왈왈~, 얼마든지!

하나, 둘, 셋 하면 뛴다.

하나, 둘이 와다다다다.

헉! 나보다
먼저 출발했어!

왈왈
나는 하나
셀 때부터
뛰었지롱

야, 깜상.
하나에 뛰면
반칙이지.

멍춰!

왈왈
둘에 뛰면
반칙 아니고?

후다다닥~!

헉헉
저 녀석
진짜
반칙왕이네.
이 시합
무효야.
그만

그래, 나는 반칙왕이다.
넌 땀쟁이고.

뭐, 땀쟁이8 저게 날
놀리네. 어우, 더워8

얼굴 좀 봐. 땀으로
번질번질한 게 도저히
못 봐 주겠군.

너 자꾸 혀 내밀고 놀릴래8
사람은 더울 때 땀을 흘려서
체온을 조절하는 거야.

휘휘~!

그리고 이건 또 뭐야8
우~, 땀냄새 작렬8

킁킁~, 무슨 냄새가 난다고
그래8 너 근데 계속
혀 날름거리며 놀릴래8

킁킁!

난 땀이 전혀 안 나니까
땀냄새가 없지. 얼굴도
뽀송뽀송하고 말이야.

어8
진짜네6
털이
뽀송
뽀송해.

인간들이 아무리 깔끔한 체해도
우리 개처럼 청결하진
못하다는 걸 알라고.

그건 그렇고, 너 자꾸 혀 내밀고
나 놀릴래8 당장 혀 집어넣지
않으면 이따 개껌은 없는 줄 알아.

휘휘~!
진정해.

치사하게 먹는 거 갖고
그러냐. 알았다고.

더우니까 여기서
잠깐 앉았다 가자.

으~, 더워♡ 혀 내밀고 싶어.

재깍 재깍 재깍

단비 몰래 조금만 혀를 내밀자.

살짝!!

너 또 혀 내밀고 놀리려고 그러지♡

내가 언제 혀를 내밀었다고 그래♡

어떻게 알았지?

재깍 재깍

으~, 몸의 열이 막 오르고 있어.

후아, 더워서 도저히 못 참겠어.

헉 헉 헉헉 헉 헉 헉

야, 깜상, 왜 그래♡ 어디 아파♡

개들은 땀샘이 없어서 혀를 내밀어 체온을 조절한다고. 아우, 혀를 입안에 넣고 있느라 더워서 죽는 줄 알았네. 헉헉헉~.

무하하하. 엄청 깔끔한 척하더니, 침까지 질질 흘리며 헐떡이는 모습이라니. 사람처럼 땀 흘리는 게 얼마나 좋은 일인지 이제 알겠어♡

하하하!

헉 헉 헉

땀 그깟 것 좀 난다고 잘난 척하기는. 헉헉헉. 아이고, 더워.

으이고, 더러워 저 침 좀 봐!

124

땀은 왜 날까?

날씨가 아주 덥거나 운동을 열심히 했을 때는 땀이 많이 나. 또 몸에 열이 나고 아플 때도 땀을 많이 흘리는데 이런 땀은 그냥 땀이라고 하지 않고 식은땀이라고 하지. 그런데 왜 땀이 나는 걸까? 그건 몸 안에 생긴 노폐물을 땀을 흘려서 몸 밖으로 내보내야 하기 때문이야. 그래서 땀 속엔 오줌과 마찬가지로 대부분이 물이고, 나머지는 노폐물로 되어 있단다. 땀은 체온을 조절하는 역할도 하는데 날씨가 덥거나 운동을 많이 했을 때, 또 몸에 열이 날 때 나오는 땀이 바로 그런 경우지. 땀이 나면 땀이 증발하면서 피부를 식혀 체온을 조절하는 거야. 만약에 격렬한 운동을 하는데도 땀이 나지 않거나 아무리 더워도 땀이 나지 않는다면 몸의 열을 식힐 수가 없어서 계속 열이 오르겠지. 그러면 우리 몸은 탈이 나고 말 거야.

땀 흘리는 사람

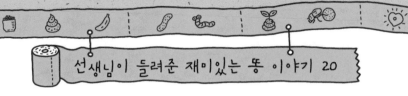

땀이 만들어지는 곳, 땀샘

오줌을 만드는 곳이 콩팥이라면 땀을 만드는 곳은 바로 땀샘이야. 땀샘은 어디에 있을까? 땀을 흘리는 곳은 피부인데, 땀샘은 땀이 밖으로 나오는 피부 바로 아래, 진피층에 있단다. 땀샘은 가느다란 관이 한데 뭉쳐 있는 모양으로, 크게 보면 실뭉치처럼 보여. 모세혈관이 이 땀샘을 둘러싸고 있으면서 혈액 속의 물과 노폐물을 걸러내 땀샘으로 보내. 이렇게 땀샘에 물과 노폐물로 된 땀이 모아지면 땀구멍으로 땀을 내보내는 거야. 인체에는 수백만 개나 되는 땀샘이 온몸에 퍼져 있지.

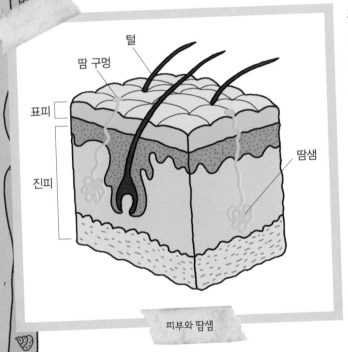

털
땀 구멍
표피
진피
땀샘

피부와 땀샘

덥지도 않은데 나는 식은땀

덥지도 않은데 흘리는 땀이 있지. 바로 식은땀이야. 보통 식은땀은 열이 나는 병에 걸렸을 때, 또는 몹시 놀라거나 긴장했을 때 나는 땀이야.

우선, 몸살감기에 걸린 환자를 생각해 봐. 몸에는 열이 나지만 추워하는 데다가 식은땀까지 흘리잖아? 몸에 열이 나면서 추워한다는 것도 이상하지만 추운데도 땀이 나는 건 더 이상한 일이지. 환자가 몸에 열이 나는데도 춥다고 느끼는 건 몸이 정상 체온보다 높은데도 불구하고 더 체온을 높이려 하기 때문이야. 열이 나는 병에 걸리면 몸의 체온을 설정하는 시상하부의 온도 조절 장치가 정상 체온보다 높게 설정이 되기 때문이지. 그렇다면 추위를 느끼는데도 땀이 나는 이유는 무엇일까? 그것은 시상하부의 온도 조절 장치가 잘못 설정해 놓은 온도까지 체온이 오르면 땀을 흘려 체온을 내리려 하기 때문이야.

몹시 놀라거나 긴장했을 때는 '손에 땀을 쥐게 된다.'는 말이 나오게 될 정도로 유독 손바닥에 땀이 많이 나. 이 때 손에서 나는 땀은 체온을 낮추기 위한 땀이 아니라 마음이 느끼는 긴장을 풀기 위해 나는 땀이야. 그럴 때는 손바닥 말고 발바닥이나 겨드랑이에서도 땀이 많이 나.

공포 영화를 보면서 몹시 긴장해도 땀이 날 수 있어.

추울 때 소름이 돋는 이유

날씨가 추울 때나 기온이 갑자기 내려갈 때는 몸이 으슬으슬해지면서 소름이 돋지. 소름이 돋으면 피부가 닭살처럼 변해. 살갗이 오그라들면서 오톨도톨 작은 돌기 같은 게 솟잖아? 이렇게 소름이 돋는 이유는 땀구멍을 닫아 몸의 열을 안에 가두어서 추위로부터 우리 몸을 보호하려는 거란다. 피부에 난 털의 아래에는 승모근이라는 근육이 있어. 날씨가 추울 때나 기온이 갑자기 떨어지면 승모근이 오그라들면서 털이 빳빳하게 서. 그러면 땀구멍이 좁아지지. 땀구멍이 좁아지면 땀구멍이 넓을 때보다 몸의 열이 덜 빠져나간단다.

밤똥은 누가 누나?

우아~, 드디어 아침똥 눈 거야?

당근이지!

짠!

장하다, 내 동생.

정아, 네가 밤똥을 제대로 팔았구나.

밤똥은 아무나 파나 뭐? 나 정도는 돼야지.

휴~, 안심이다. 이젠 밤에 똥 누러 갔다가 뒷간 귀신이 무서워서 똥도 안 닦고 나오는 일은 절대 없겠네.

그 얘긴 왜 또 꺼내고 그래?

한 달 전, 밤에 똥 누러 갔다가 뒷간 귀신이 무서워서 똥도 안 닦고 나온 날.

정아야, 왜 그래? 한밤중에 왜 우는 거야?

으앙~, 오빠가 자꾸만 뒷간 귀신 얘기 하잖아.

가뜩이나 무서움 타는 애한테 밤에 뒷간 귀신 얘긴 왜 하고 그래?

넌 왜 맨날 밤에만 똥을 싸서 오빠를 고생시키니?

아무래도 안 되겠다. 밤똥이라도 팔아야지.

엄마 닭장엔 왜 데리고 왔어요?

니가 밤에만 똥을 누니까 밤똥싸개 아니니?

그, 그런데요?

오늘밤에 네 밤똥을 닭에게 팔아서 다시는 네가 밤에 똥을 싸지 않도록 해야겠다.

어떻게 하는데요?

우선 닭들에게 큰절을 올려라.

네요. 밤낮없이 똥이나 찍찍 싸고 다니는 닭들한테 내가 왜 절을 해요?

밤에 똥을 누는 건 사람의 버릇이 아니라 밤낮없이 똥을 누는 닭들의 버릇이야. 그러니 네게 붙은 닭의 버릇을 닭들에게 가져가 달라고 부탁하는 거야.

싫어요. 닭한테 절을 하느니 그깟 밤똥 안 싸고 말래요.

안 팔면요? 앞으로도 계속 닭처럼 밤에 똥을 찍찍 싸려고?

퍽!

아이, 아파요. 그럼 제가 밤마다 똥을 찍찍 싸 대는 닭하고 똑같단 거예요?

뭐가 달라요?

찌이잉

찍!

내가 진짜 저런 모습이란 거야?

어서 절하지 못해?

닭아, 내 밤똥 가져가 다오.

어휴, 창피해.

다시는 밤에 똥을 싸지 않을 거야.

액막이 음식, 똥떡

똥떡이라고 들어봤니? 똥떡이라고 하면 똥으로 만든 떡일 거라고 상상하게 되는데, 사실 똥떡은 쌀로 만든 쌀떡이야. 옛날 화장실인 뒷간은 똥통이 무척 크고 깊었어. 그래서 어린아이가 똥통에 빠지는 일이 흔히 있었지. 그런데 사람들은 아이가 똥통에 빠지는 이유가 뒷간 귀신 때문이라고 믿었어. 뒷간 귀신이 화가 나서 심술을 부린 거라고 말이야. 아이가 똥통에 빠졌을 때 뒷간 귀신을 달래기 위해 만든 것이 바로 똥떡이야. 뒷간 귀신은 아마도 똥떡을 무척 좋아했나 봐. 똥떡은 쌀가루로 동글동글하게 빚어 정성껏 쪄서 뒷간 앞에 두고 뒷간 귀신에게 올렸어. 아이가 아무 탈 없이 오래 살게 해 달라고 똥떡을 놓고 빌었지.

가만! 뒷간 귀신이 와서 똥떡을 먹고 갔다고 해도 귀신이 먹었으니 똥떡은 그대로일 거야. 그런데 똥떡은 온데간데 없단다. 그럼 그 똥떡은 누가 먹었을까? 먼저 똥통에 빠진 아이가 자기의 나이 수만큼 똥떡을 먹었어. 마치 생일날 케이크 위에 자기 나이 수만큼 촛불을 켜고 축하를 받는 것처럼 말이야. 나머지 똥떡은 이웃들과 골고루 나눠 먹었지. 또 똥통에 빠진 아이는 똥떡이라고 크게 외치며 온 동네를 돌아다녔단다.

똥떡!

우리 애가 똥통에 빠져서 떡을 만들었어요.

음, 구수한 똥 냄새!

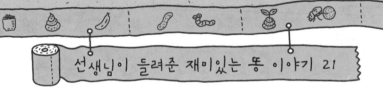

밤똥 팔기

똥떡 말고 밤똥도 있어. 그럼 밤똥 얘기를 해 볼까? 똥떡이 똥으로 만든 떡이 아니듯이 밤똥도 밤으로 만든 떡이 아니란다. 밤똥이란 밤마다 똥을 누러 가는 바람에 그만 그게 버릇이 돼 버린 것을 말해. 간단히 말해서 밤에 누는 똥이란 말씀! 밤에 똥이 마려우면 이만저만 귀찮은 일이 아니지. 또 혼자서 화장실에 가면 무척 무섭기도 하고 말이야. 옛날에는 뒷간이 집 밖에 따로 떨어져 있어서 더더욱 그랬을 거야. 아이가 밤똥을 누면 엄마는 아이를 닭장 앞으로 데리고 가서 닭에게 절을 시킨 뒤 이런 노래를 부르게 했어.

닭아 닭아 꼬꼬닭아 밤에 똥 싸는 밤똥 닭아!
사람 되어 밤똥 싸는 우리 아이 밤똥 사라!
밤마다 똥 마려운 우리 아이 밤똥 사서,
달도 별도 없는 밤에 밤새 편히 자게 해라.

아이가 밤똥 누는 걸 고쳐 주기 위해 밤똥을 닭에게 팔게 한다는 거지. 참 재있는 풍습이지? 그럼 밤똥을 팔고 난 후 아이의 밤똥 누는 버릇은 고쳐졌을까? 닭이 어르신도 아니고 세뱃돈이 나오는 것도 아닌데 닭에게 절을 했으니 그 사실이 내내 부끄러워서 아마도 다시는 밤똥을 싸지 않았을 거야.

왼손은 똥 닦는 손, 오른손은 밥 먹는 손

이슬람 사람들은 왼손과 오른손을 아주 심하게 차별하는 문화를 가지고 있어. 왼손은 똥 닦는 데에만 쓰고, 오른손은 밥을 먹는 데에만 쓰는 거지. 잠깐! 똥 닦는 데 손을 쓴다니 놀랐다고? 이슬람 사람의 집에 초대 받아서 가면 화장실에 휴지가 없대. 휴지 대신 손을 쓴다는 이야기지. 똥을 닦을 때 화장지를 쓰거나 비데를 사용하는 우리의 눈으로 보면 손으로 똥을 닦는 것은 있을 수 없는 일이라 여겨지겠지만 사실이야. 그 대신 똥을 닦은 후엔 손을 깨끗이 씻는단다. 그리고 오른손은 밥을 먹을 때 쓰는데, 손가락을 모아 밥을 다져서 집어 먹지. 이슬람 사람들은 하루에 다섯 번 이상 기도를 하는데, 기도 전에는 반드시 손을 씻어야 하기 때문에 항상 청결을 유지해.

손으로 밥을 먹는
이슬람 사람들

지호의 뒷간 기행

에이 참 엄마는 학교도 지겨운데 불교학교까지 보내고 난리야.

엄마가 차로 데리러 올 때까지만 땡땡이 쳐야지이~.

그거 쇠똥구리 아니니?

맞아앙 서울 애들은 다 쇠똥구리 모르는 줄 알았는데….

왜 몰라. 이젠 쇠똥이 오염돼서 멸종 위기에 처해 있다는 것도 아는데.

폰카로 찍어 둬야지.

근데 너, 내가 서울 애라는 걸 어떻게 알았니?

으응~. 아까 똥 마려워서 해우소 갔다가 니가 차에서 내리는 것 봤어. 차 번호판에 서울이라고 써 있더라

해우소가 뭐야?

절에 공부하러 오면서 절의 화장실도 몰랐단 말이야?

하하~, 좋아, 1대 1이다.

무슨 소리야?

너 불교 공부 하기 싫어하는 것 같은데 내가 쇠똥구리 더 구경시켜 줄까?

와~, 그래, 좋아~

와~, 여긴 쇠똥구리 천지구나.

어~, 이상하다. 오늘은 쇠똥에서 이상한 냄새가 난다.

으응 사실은 내가 방귀 꼈어. 쇠똥을 보니까 갑자기 똥이 마렵네.

여기서 해우소는 좀 머니까 우리집 뒷간을 쓰면 되겠다.

여긴 냄새도 지독하고 똥통에 빠질 것 같아서 안 되겠어.

그럼 냄새가 덜 나는 원중이네 뒷간으로 가 보자.

여긴 냄새도 곱배기로 심한 데다가 똥통에 빠질 것 같은 기분도 세 배잖아~

135

남의 동네 와서 너 참 까다롭구나냥 안 급해요

하, 하나도 안 급해.

내가 인심 썼다. 솔이네 잿간으로 가자.

헉! 이게 뭐야?

여긴 똥통이 따로 없잖아요

당연하지. 잿간은 똥을 눈 다음 삽으로 재를 퍼서 덮고 옆에 쌓인 똥더미에 올려놓는 화장실이거든.

으으~, 차라리 절에서 똥을 누고 나올걸.

그렇지 그랬어. 해우소는 언덕 위에 있어서 절벽 아래로 똥을 누는 거라 얼마나 상쾌하고 시원한데.

데구르르 ← 똥덩어리

그럼 지금 나더러 저 언덕 위 해우소까지 가라는 얘기니요

누가 그러래요 이 뒷간도 싫으면 소처럼 풀숲에 싸든가, 아니면 옷 입은 채로 그냥 싸든가

꾹!

뿌지직!

이 똥은 어디에 눈 똥일까요?

우리나라 전통 뒷간

오늘날의 화장실은 변기의 모양만 약간씩 다를 뿐 거의 비슷비슷해. 어떤 화장실이건 똥을 눈 다음 물을 내려 똥을 버리는 건 마찬가지란 뜻이야. 하지만 우리나라 전통 뒷간은 그와 반대로 똥을 버리는 게 아니라 똥을 거름으로 쓰기 위해 만들었어.

전통 뒷간 하면 가장 먼저 떠오르는 말이 '푸세식'이야. 커다란 통을 땅 밑에 묻고 통 위에 발을 디딜 수 있게 만들고, 그 위에서 똥을 싸게끔 한 다음 거름으로 쓰기 위해 똥을 퍼 낸다고 해서 흔히 '푸세식'이라고 말하지. 그런데 푸세식에는 똥통을 하나만 묻지 않고 두세 개를 연이어 묻는 뒷간도 있었어. 한 똥통에 똥이 차면 다른 똥통을 이용함으로써 그 동안 이미 차 있던 똥통의 똥이 충분히 발효해서 거름이 될 시간을 벌기 위한 우리 선조들의 지혜였지. 그런데 똥을 그냥 모아만 두면 구더기가 낄 수 있잖아? 이걸 막기 위해 우리 조상들은 뒷간에서 볼일을 보고 나올 때 똥 위에다 낙엽, 재, 왕겨 등을 뿌렸어.

똥통을 묻는 것 말고 다른 식도 있었어. 별도의 구덩이 없이 똥 눌 공간을 만들어 두 개의 발 디딤대만 놓고 거기다 똥을 싼 뒤 바로 재, 왕겨, 나뭇잎 등을 섞어서 뒤에 똥 모으는 곳에다 쌓아 놓는 방식이야. 이런 뒷간을 잿간이라고 불렀어. 잿간에서 볼 일을 볼 때는 자기가 눈 똥을 재와 섞어 뒤로 쌓는 데 필요한 삽이 꼭 필요했지.

그리고 가파른 언덕 위에 뒷간을 만들어서 여기서 똥을 누면 언덕 아래로 굴러떨어지게 만든 해우소도 있어. 해우소는 절간의 스님들이 쓰는 뒷간인데, 언덕 아래로 굴러떨어진 똥은 언덕 아래 미리 깔아 놓은 낙엽에 뒤섞인 채 썩어서 흙으로 돌아가게 되어 있어. 해우소도 잿간의 일종이야.

또 똥을 다른 동물이 먹게 해서 처리하는 것도 있었는데 바로 제주도의 돗통시가 그것이야. 사람이 눈 똥을 돼지가 받아먹는 뒷간 얘기한 것 기억하지?

뒷간이 멀리 있었던 이유

지금은 농촌도 많이 바뀌었지만 예전엔 화장실이 집 밖에, 그것도 집에서 먼 곳에 떨어져 있어서 여간 불편하지 않았어. 특히 밤에 똥이 마려우면 멀리 있는 캄캄한 화장실에서 똥을 누어야 해서 정말 무서웠지. 그렇다면 우리 조상들은 왜 이렇게 화장실을 불편하게 만들었을까?

화장실을 집에서 멀리 떨어진 곳에 지은 것에는 조상들의 지혜가 숨어 있어. 일

옛날 화장실

단 냄새나 병균이 있는 똥통을 멀리 두어서 위생을 생각한 것도 있지만, 더 깊은 뜻은 똥을 농사에 적절히 이용하기 위한 이유가 컸지. 사실 뒷간에 있는 똥은 단순히 더러운 오물이 아니라 농사에 꼭 필요한 거름이었던 거야. 똥오줌을 발효시켜 소중한 거름을 만들고 논밭으로 퍼 나르려면 통풍이 잘 되게 주위가 뚫려 있는 널찍한 곳이 알맞았지. 그래서 집과는 멀찍이 떨어진 곳에 뒷간을 지었던 거라고.

임금님의 변기

조선 시대 임금님은 똥을 눌 때 '매화틀'이라고 하는 변기를 썼어. 매화틀은 요강처럼 이리저리 옮기면서 쓸 수 있는 이동식 화장실이었지. 나무상자에 천을 감고 가운데에 구멍을 뚫어서 임금님이 앉아서 똥을 눌 수 있게 만든 거야. 매화틀 아래에는 똥을 받을 수 있는 매화그릇을 놓았어. 매화그릇은 구리로 되어 있어서 나중에 씻기 쉬웠지. 매화틀은 매화그릇을 서랍처럼 뺄 수 있게 오른쪽과 왼쪽 그리고 뒤쪽은 막혀 있지만 앞쪽은 뚫어 놓았어. 왕의 의사인 내의원은 왕의 똥을 곧바로 가져가 왕이 눈 똥의 색깔, 냄새, 맛을 보고 임금의 건강 상태를 살폈어. 그런데 변기 이름이 왜 매화틀이었을까? 그건 임금님의 똥을 매화꽃에 비유한 거야. 임금님의 얼굴을 그냥 얼굴이라고 하지 않고 용에 비유해서 용안이라고 했던 것처럼 임금님의 신체나 신체에서 나오는 것을 모두 존귀하게 여겼기 때문이지. 그것이 더러운 똥일지라도 말이야.

매화틀과 매화그릇

참을 만큼 참았어!

똥으로 만든 보물, 거름

옛 속담 중에 '쇠똥 세 바가지가 쌀 세 가마'라는 말이 있어. 또 '밥 한 사발은 줘도 한 삼태기 똥거름은 안 준다.'는 말도 있지. 이 두 가지 속담은 우리 선조들이 농사짓는 데 필요한 거름을 얼마나 소중하게 여겼는지 알 수 있게 해 줘. 우리 선조들은 쇠똥을 그냥 버리는 일이 없었어. 외양간 바닥에 볏짚이나 풀을 깔아 주고 소가 똥을 싸고 오줌을 싸기를 기다렸다가 그것들을 섞어서 두엄을 만들었지. 화학 비료가 없었던 옛날에는 이 두엄이 더할 나위 없이 좋은 거름이 되었단다. 그러니 쇠똥 세 바가지는 쌀 세 가마의 가치가 있고 밥 한 사발은 줘도 한 삼태기의 똥거름은 안 준다고 표현했던 거야. 농사짓는 사람들에겐 똥이 보물이나 마찬가지였던 거지.

거름

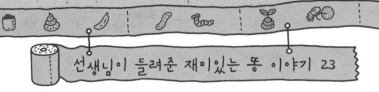

사람의 똥오줌을 거름으로 만드는 방법

우리 선조들은 사람의 똥오줌을 거름으로 만들어 썼어. 오죽했으면 사람의 똥오
줌 자체를 거름이라고 부르기도 했겠니. 그렇다고 방금 싼 생똥을 거름으로 쓸 수
있는 건 아니야. 잘 묵혀서 발효가 일어나게 한 다음에야 비로소 거름으로 쓸 수
있거든. 땅을 파고 통을 묻어 볼일을 보게 만든 전통 뒷간에서는 똥과 오줌이 함께
섞이기 때문에 물기가 많아서 잘 발효되지 않아. 그럴 땐 물기가 없는 마른 재료를
넣어 주어야 해. 왕겨나 재, 나뭇잎 같은 것 말이야. 그러면 수분이 적당해져서 발
효가 잘 일어나지. 그리고 발효가 되면 똥을 퍼다가 밭가에 옮겨. 그런데 이걸 바
로 밭에 뿌리는 것은 아니야. 발효된 똥을 구덩이에 며칠 더 묻어 두었다가 발효가
더 진행되어 색깔이 거무스름하게 변하면 그제서야 밭에 뿌렸단다.

또 똥을 재나 왕겨에 묻는 형태의 전통 뒷간에서는 똥 따로, 오
줌 따로 모아서 발효시켰어. 그렇게 하면 똥은 똥대로 오줌은 오줌
대로 용도에 따라 따로 쓸 수도 있는 장점이 있단다. 한편, 똥과 오
줌을 섞어서 삭히는 방법을 쓰기도 했어. 풀
들을 베어다가 함께 삭히는 것도 거름을
만드는 좋은 방법이었지.

똥장군

거름을 만들 때 쓰는 도구

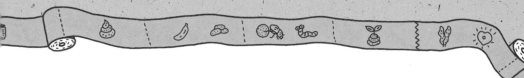

삼태기
거름을 담아 논밭에 뿌릴 때 쓰는 기구.

괭이
개똥을 줍기 위한 기구.

거름지게
갈고리를 걸어 거름통을 지게 만든 기구.

똥장군과 오줌장군
똥이나 오줌을 져 나르는 길쭉한 항아리로, 옆구리에 주둥이가 있어서 짚으로 틀어막고 져 날랐어.

오줌독
오줌을 모아 두는 항아리.

쇠스랑
두엄을 쳐 내는 데 쓰는 도구로, 땅을 파헤칠 때도 썼어.

새갓통
손에 거름을 묻히지 않을 수 있게 손잡이가 달린 바가지.

자루바가지
오줌독에 모아 둔 오줌을 퍼내기 위해 쓰는 도구로, 긴 자루 끝에 바가지를 달았어.

콜로세움 공중 화장실에서 똥 누기

아이~, 깜짝이야.

뚜벅뚜벅

뿌직~

얘야 넌 왜 똥 안 누고 그러고 서 있니?

사람들 보는 앞에서 어떻게 똥을 누요?

참, 별 소릴 다 들어 보네. 그럼 똥을 보는 앞에서 누지 혼자 몰래 숨어서 누니?

여긴 별난 곳이네. 어우, 똥 마려워 어쩌지….

우르르~

헉! 떼로 몰려오네.

끙! 응! 끙! 우~

세상에! 다 같이 똥을 누잖아!

넌 왜 우두커니 거기 서 있니? 똥 다 쌌으면 얼른 나가지.

사람들 앞에서 어떻게 똥을 누냐고 하면서 아까부터 저러고 있어. 저러다가 쟤 바지에 똥 싸는 거 아닌지 몰라.

타임머신으로 돌아갈 시간이 얼마 안 남았어. 창피하지만 싸야겠어.

그럼 일단 싸고 봐야지.

똥이란 같이 싸야 맛이지.

뿌직! 풍덩! 뿌지직!

147

급하다면서 여태 못 눴니?

어휴, 다들 보는 앞에서 똥을 누려니 긴장이 돼서 나오던 똥이 다시 들어가 버렸어요.

넌 왜 사람들 앞에서 똥을 못 누고 그러니? 과거에서 온 사람처럼.

아니, 난 미래에서 왔거든요. 공룡을 만나러 가다 똥이 마려워서 로마 시대에 잠깐 내린 거라고요. 빨리 똥 싸고 가야 하는데 큰일났네.

그래? 그렇다면 우리가 검투사를 응원하듯이 네 똥이 빨리 나오기를 응원해 주지.

불끈!

으쌰~ 으쌰~ 똥 나와라, 으쌰~ㅎ

로마인 똥 잘 싼다, 으쌰~ 으쌰~ㅎ

미래인 똥 잘 싼다, 으쌰~ 으쌰~ㅎ

끄응~!   뿌지직!!

만세! 왔노라, 힘 줬노라, 똥 쌌노라!

짝 짝 짝!

알고 보니 너도 만만찮은 똥싸개구나?

뭐, 이 정도 가지고…. 이게 다 여러분이 응원해 준 덕분이에요.

그런데 이 기분은 뭐지? 마치 내가 경기에서 이긴 검투사라도 된 것 같잖아?

148

고대의 화장실

고대 인도의 모헨조다로 유적에서 세계 최초의 화장실이 발견되었어. 여러 개의 변기를 나란히 만들어 놓고 그 아래에 물이 흐르도록 한 수세식 화장실이야. 그리고 바빌로니아 유적과 그리스의 크노소스 궁전에서도 수세식 화장실이 발견됐어.

로마 시대에는 상하수도 시설이 발달해서 가정집에도 수세식 화장실이 있었고, 공중 수세식 화장실도 있었지. 로마의 원형 경기장인 콜로세움에는 변기를 수십 개씩 놓아 여러 사람이 동시에 걸터앉아 볼일을 볼 수 있는 화장실을 설치했어. 오늘날 우리가 사용하는 수세

고대 로마 화장실

식 화장실이 먼 옛날부터 있었다니 놀랍지 않니? 하지만 모든 사람이 다 수세식 화장실을 쓸 수 있었던 건 아니야. 옛날 사람들 대부분은 요강을 많이 사용했고, 똥오줌을 웅덩이에 모았다가 퍼내는 방식을 쓰기도 했지.

중국의 고대 화장실 유물은 남아 있는 것이 별로 없지만 발견된 것 중 가장 오래된 것은 '호자'란다. 호랑이 머리 모양을 하고 있는 요강이지.

우리나라에서는 백제 시대에 사용한 요강이 발견되었는데, 모양이 비슷하고 이름도 호자야. 처음에는 귀족들이 그대로 수입해서 쓰다가 나중에는 편하게 바꿔 썼어.

백제의 남성용 요강, 호자

일본에서는 '가와야'라 불리는 화장실의 형태가 발견되었어. 가와야는 물이 흐르는 하천 위에 지은 화장실인데, 그 위에서 볼일을 보면 자연스럽게 똥오줌이 강으로 흘러갈 수 있었지.

서양에서도 요강을 사용했다

요강은 우리나라에만 있었던 게 아니야. 서양에도 요강이 있었어. 고대 그리스인들은 집 안은 물론 집 밖에도 화장실이 없었기 때문에 요강을 사용했어. 이 요강은 중세에 이르기까지 거의 모든 사회 계층이 사용했지. 중세 유럽의 일반 가정에서 사용한 요강에는 손잡이가 달려 있었어. 우리나라의 요강은 둥글고 단순한 모양인 데 비해 서양 요강은 마치 고급 레스토랑에서 사용하는 카레 그릇처럼 생겼지. 그 밖에 손잡이가 달린 솥 모양, 항아리 모양, 의자나 탁자 모양 등 다양했어.

서양 요강

루이 13세는 의자 변기라는 걸 사용했어. 의자에 둥근 구멍을 뚫어 놓고 앉아서 볼일을 본 거지. 물론 구멍 아래에는 위에서 떨어지는 똥오줌을 담는 요강이 있었지. 조선 시대 임금님이 사용한 변기인 매화틀 아래에 똥오줌을 담는 구리 요강을 두었던 것과 마찬가지로 말이야.

우리나라 요강

고대 로마 인들의 세제, 오줌

고대 로마 인들은 옷을 세탁할 때 오줌을 사용했어. 오줌이 옷에 묻은 더러운 때와 얼룩을 없애는 역할을 하는 세제였다니 믿기지가 않지? 이탈리아 시비타의 벽화에는 오줌으로 세탁하는 로마 인들의 모습이 그려져 있지. 벽화에는 허리까지 오는 높이의 벽으로 나뉜 칸에 한 사람씩 들어가 세탁을 하는 장면이 그려져 있어. 그런데 더러운 오줌으로 어떻게 옷을 깨끗하게 만들 수 있었느냐고? 오줌에는 암모니아가 들어 있기 때문이야. 암모니아는 더러운 때와 얼룩을 없애는 역할을 하지.

옛날 우리나라에서도 오줌을 이용해 세탁을 했다는 이야기가 전해져 오는데, 오줌을 항아리에 담아 오래 묵혀 두었다 사용했대. 오줌을 오래 묵히면 오줌 속에 있던 요소가 요소 분해 박테리아와 물에 의해 암모니아가 되지. 금방 싼 오줌엔 암모니아가 아주 적게 들어 있지만 묵힌 오줌에는 암모니아

가 많아서 세탁을 하는 데 도움을 주었던 거야. 지금도 옷이 땀으로 인해 얼룩이 생겼을 때 물에 암모니아를 섞어 담가 두면 얼룩이 깨끗이 사라지는 것을 볼 수 있어.

폐유을 이용한 친환경 비누

25. 숨기고 피한 서양의 똥

앙리가 쥬리와 함께 걸었을 때

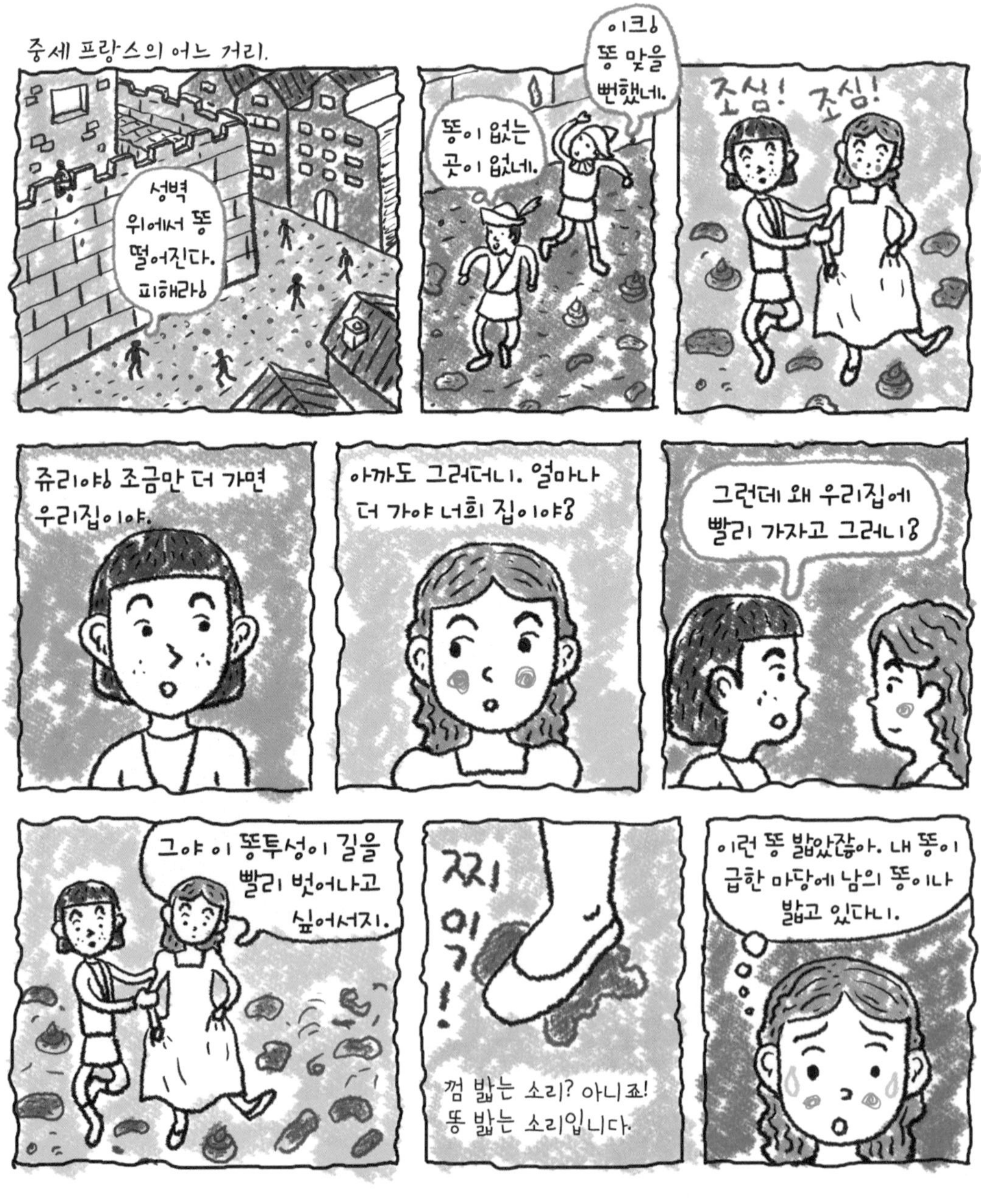

조심해. 치마에 똥 묻잖아.

내 걱정 말고 빨리 앞장 서서 가.

어딜 들쳐!

퍽!

똥 싸다 들킨 사람처럼 왜 그래? 얼굴이 벌개져 가지고.

어우, 아파!

누가 똥을 쌌다고 그래? 네가 괜히 이런 길로 들어서 고생시키니까 화가 나서 그러지.

야, 파리 시내에서 똥 없는 거리가 어딨어? 잘 보고 다닐 수밖에.

으이구, 여긴 완전 똥바다야. 한 발도 내딛을 수가 없어.

그럼 나한테 업혀.

싫어.

내가 업히면 똥 밟은 걸 금방 알아챌 거야. 그러면 칠칠맞게 똥 밟았다고 놀리겠지.

너 어디 불편해? 식은땀을 다 흘리고.

똥을 피해서 걷느라 힘들어서 그래.

계속 똥만 보니까 더욱 똥이 마렵네. 도대체 얼마나 가야 쟤네 집이야?

153

조심 조심

그러게 굽 높은 신발을 신고 오지.

그런 신발이 얼마나 불편한지나 알아? 조금만 걸어도 발목이 아프다고.

엉거주춤

그런데 넌 치마를 잡지 않고 엉덩이를 잡고 걷냐? 치마 뒷단에 똥 묻을까 봐 그래?

남 신경 쓰지 말고 빨리 집에나 가라고.

안 그러던 애가 오늘따라 이상하게 신경질을 내네.

쏨

화장실 급하신 분? 모두모두 여기로 오시오.

? !

! 간절 간절!

똥 싸시오!

너 지금 똥 마렵구나.

아, 아니야. 난 절대 똥 안 마려워.

아저씨, 여기 아가씨가 옷매무새 좀 고치려 하니 칸막이 좀 둘러 주세요.

어서 옵쇼

안 마렵다니까...

이거 똥 싸는 소리 아니야. 옷이 터지는 소리야.

뿌지직!

알았어. 옷 터진 곳 잘 여미고 나와.

154

중세 서양의 화장실

고대에는 그렇게 발달했던 서양의 화장실 문화가 중세 이후에는 오히려 쇠퇴했다지 뭐니. 청결하고 위생적이었던 고대 화장실 시설은 고사하고 변변한 화장실이 거의 없었다고 해. 그래서 사람이 직접 움직이는 화장실이 되기도 했지.

사람이 화장실이 되다니 그게 무슨 소리냐고? 커다란 망토를 두른 사람이 나타나 사람들에게 망토 안에서 똥을 누게 한 거야. 망토 속에는 양동이가 있었는데 거기서 똥을 누게 한 다음 돈을 받았어. 그렇다면 돈이 없는 사람들은 어떻게 했을까? 놀라지 매! 길거리 아무데서나 똥을 눴어. 당시 사람들은 길에서 똥을 누는 것을 부끄럽게 여기지 않았거든. 또 밤에 요강에 눈 똥을 창밖으로 마구 버려서 길거리에 똥오줌이 산처럼 쌓였어.

사람들은 이런 똥을 피하기 위해 굽이 높은 신발을 신고 다녀야 했지. 파리 사람들이 신고 다닌 신발은 굽이 무려 60센티미터나 됐다니 오늘날 멋쟁이들이 신고 다니는 '킬힐'은 비교도 안 됐지. 그토록 불편하고 위태로운 신을 신어야 할 만큼 거리가 똥 덩어리로 넘쳐 났다는 얘기야. 양산이 만들어진 이유도, 여자를 길 안쪽으로 걷게 한 이유도 머리 위로 떨어지는 똥을 피하기 위해서였고, 향수가 유행한 것도 똥 냄새를 감추기 위해서였어.

조금 나은 시설은 성벽에 매달아 똥을 눌 수 있게 만든 걸상식 변기였어. 여기서 똥을 누면 성 밑 하천으로 똥이 떨어져서 흘러갔단다. 물은 더러워질지언정 사람이 똥에 맞는 일은 없었겠지.

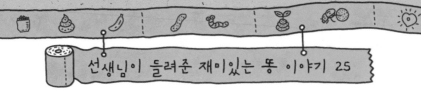
에티켓의 유래

에티켓이란 프랑스 어로 예절을 뜻하는 말이야. 쉽게 말해 다른 사람을 대할 때의 마음가짐을 말하는 거지. 맨 처음 에티켓이란 말이 생긴 건 언제일까? 그건 루이 14세 때로 쭉 거슬러 올라가야 해.

루이 14세가 살았고 루이 16세의 왕비인 마리 앙투아네트가 살았던 곳으로 유명한 베르사유 궁전으로 고고!

당시에는 날마다 사람들이 모여 잔치를 열었지. 그런데 문제가 하나 있었어. 궁전 안에 화장실이 하나도 없었던 거야. 그래서 사람들은 똥이 마려울 때를 대비해 집에서 요강을 들고 와야 했어. 요강을 미처 준비하지 못한 사람들은 할 수 없이 정원의 풀숲이나 나무 밑에서 똥을 누었어. 그런 사람이 한둘이 아니었을 테니 궁전 전체가 똥 냄새로 진동을 했겠지. 이를 보다 못한 정원 관리인이 정원에 '에티켓'이라고 쓰여진 표지판을 하나 세웠어. 똥을 누려고 자리를 봐 둔 자리에 이런 표지판이 세워져 있다면 그 곳에 똥을 누기는 아무래도 힘들겠지? 에티켓이란 말은 이렇게 루이 14세 때 에티켓이라는 문구가 들어간 표지판이 세워지면서부터 생긴 거야.

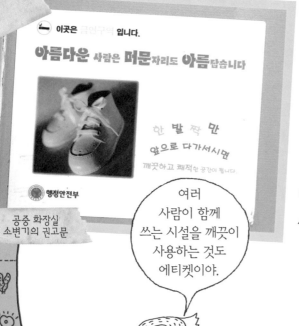

공중 화장실
소변기의 권고문

여러 사람이 함께 쓰는 시설을 깨끗이 사용하는 것도 에티켓이야.

위생 관념을 일깨워 준 병, 콜레라

콜레라는 콜레라균에 의해 생기는 전염병인데, 심한 설사와 구토로 몸 안의 수분을 빼앗겨 심하면 죽을 수도 있는 무서운 병이야. 콜레라는 콜레라에 걸린 사람과 접촉하거나 콜레라 환자가 눈 똥이나 오줌으로 오염된 물에 의해 전염되지.

19세기 유럽에서는 콜레라가 자주 발생해 걷잡을 수 없이 퍼지곤 했어. 화장실에서 나온 똥과 오줌을 강으로 그대로 흘려 보내서 식수가 오염되었기 때문이지. 그 결과 많은 사람들이 콜레라로 죽었어. 러시아에서는 콜레라로 백만 명이 죽기도 했지. 위생적인 상하수도 시설을 설치하기 전까지는 말이야. 콜레라라는 호된 난리를 겪고서야 유럽 사람들에게 위생 관념이 생긴 거지. 진작에 위생 시설을 만들었다면 그렇게 많은 사람들이 죽지 않았을 텐데 참 안타까운 일이야.

콜레라 예방 교육을
받는 사람들

어떤 괴짜 시인의 잠 못 이루는 밤

1596년, 영국 런던에 존 해링턴이란 괴짜 시인이 살았는데….

오~, 달의 요정이여….

다음에 쓸 말이 떠오르지 않아.

달, 요정, 달, 요정, 그 다음엔 어떤 말이 나와야 할까?

달? 달에는 진짜 달의 요정이 살까?

아? 그렇다면 요정도 똥을 눌까?

지금 내가 무슨 생각을 하는 거야? 똥이 마려우니 온통 똥 생각만 나네.

에이~, 안 되겠다. 시는 나중에 쓰고 똥 먼저 눠야지.

서양식 요강

158

아나, 이럴 수가!

구리 구리! 똥 덩어리 둥둥!

이런, 저녁에 내다 버린다는 걸 깜빡했네.

똥이 당장 나오려는데 계단을 내려가 버릴 수고 없고. 그렇다고 창밖에 쏟아 버릴 수도 없고….

아무래도 안 되겠어.

끙~! 끙~!

뿌지직~!

구리 구리! 모락 모락

암만 내 똥이라도 냄새가 정말 심한걸.

이 똥을 로마 시대처럼 물에 흘려 보낼 수 있는 변기가 있다면 얼마나 좋을까?

그런 변기라면 여왕님께 선물해서 칭찬을 받을 수 있을 텐데.

좋아, 내가 직접 물로 씻어 보낼 수 있는 변기를 만들어 보겠어. 쓱쓱 쓱쓱!

야호~! 완성했다!

다음 날 아침.

내가 수세식 변가를 만들었다!

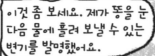

이것 좀 보세요. 제가 똥을 눈 다음 물에 흘려 보낼 수 있는 변기를 발명했어요.

그게 정말이오?

어디 어디?

와~, 대단한 발명품이다.

이거 하나면 집 안에서도 깔끔하게 똥을 눌 수 있겠어.

아저씨, 그런데 똥을 물에 흘려 보내면 그 똥은 어디로 가나요?

이녀석은 또 누구야?

그야 흘러 흘러 템즈 강으로 가겠지.

그럼 그 강물은 머지않아 똥물이 되겠네요?

아니 괜찮아. 강물은 끊임없이 흘러 오거든.

사람들이 끊임없이 똥을 싸서 흘려 보내면요?

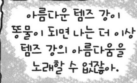

아름다운 템즈 강이 똥물이 되면 나는 더 이상 템즈 강의 아름다움을 노래할 수 없잖아.

강물을 똥물로 만들면서까지 편해지고 싶진 않군.

내 한몸 편하자고 자연을 오염시키는 건 옳지 않아.

시인이면 시나 쓰지 웬 변기 발명이야, 쯧쯧쯧.

수세식 화장실의 역사

최초로 수세식 변기를 사용한 건 기원전 3000년의 일이었어. 인도의 인더스 강변 모헨조다로 유적에서 수세식 변기가 발견되었지. 그리고 바빌로니아 유적에서도, 그리스의 크노소스 궁전에서도 수세식 변기가 발견되었지. 로마 시대에는 상하수도 시설이 발달해 공중 화장실뿐 아니라 일반 가정에서까지 수세식 변기를 썼단다. 그런데 고대에 사용한 수세식 변기는 지금과는 좀 달랐어. 변기 밑에 물이 흐르게 하여 똥오줌을 누면 물과 함께 흘러가게 만들었다는 거지.

그것과 비교해 1596년 영국의 존 해링턴이 개발해 낸 수세식 변기는 인공적으로 물의 흐름을 조절할 수 있다는 장점이 있었어. 그 후 1775년 알렉산더 커밍이 존 해링턴이 만든 것보다 좀 더 나은 수세식 변기를 만들었어. 변기 밑에서 올라오는 똥 냄새를 막는 장치를 변기에 붙여 놓아서 특허까지 받았단다. 하지만 하수도 체계를 갖추지 않은 채 똥 냄새만 막는다는 손바닥으로 하늘을 가리는 격이었지.

1860년대에 런던에서 하수도 체계를 제대로 갖추고부터는 사정이 좀 달랐어. 물 만난 물고기처럼 그 전보다 좀 더 나은 변기가 계속해서 개량되어 1889년 보스텔이 오늘날과 비슷한 변기인 '워시다운형 변기'를 만들었단다.

모헨조다로 유적

사이펀의 원리, 그게 대체 뭐길래
똥을 깨끗하게 치우지?

요즘 우리가 쓰고 있는 변기는 사이펀의 원리로 작동된다는 것을 알고 있니? 사이펀의 원리는 곧 기압과 관련 있는 이야기야. 우리 주위엔 공기로 가득 차 있어. 공기는 아주 가벼워서 우리 주위를 둥둥 떠다니지. 그런데 이렇게 가벼운 공기의 알갱이가 1000킬로미터나 높이 쌓여 있다면 어떨까? 그 무게는 자그만치 우리 손바닥 위에 어른 한 명을 올려놓는 것만큼이나 무거운 거래. 이것을 공기가 아래로 내리누르는 힘, 즉 기압이라고 해.

변기를 가만히 봐. 물이 고여 있지? 물을 내려 봐. 물이 빠졌다가 다시 차오르지? 처음엔 손바닥만 하게 물이 차다가 점점 수면의 넓이가 손바닥 스무 개쯤 될 만큼 커져. 이 때 물을 내리면 어른 스무 명이 갑자기 나타나서 변기의 물을 누르는 것과 같은 힘이 작용해. 좁은 변기의 물을 어른 스무 명이 한 번에 누르면 물이 밀려나는 건 당연할 거야.

참, 미리 얘기하지 않았는데, 변기의 물이 빠져나가는 파이프는 영어의 유(u) 자를 거꾸로 만들어 놓은 모습이야. 이 거꾸로 된 파이프를 어른 스무 명이 내리누르는 효과를 줘서 유 자형의 반대편으로 물이 넘어가게 만든 거야. 넘어간 물은 중력으로 인해 아래로 내려가 빈 공간을 만드는데 빈 공간은 순간적으로 압력이 거의

수세식 변기

없는 상태가 돼. 그러면 물이 쏟아지듯 흘러가는 거야. 순식간에 만들어진 공간으로 물이 흘러갈 때 우리가 눈 똥도 빨려들어가서 깨끗이 사라지지. 압력은 높은 곳에서 낮은 곳으로 움직이는 원리가 작용된 거야.

그렇게 물이 유 자형 관을 넘어가다 관의 끝부분에 가까워지면 흘러가기를 멈춰. 우리가 변기의 물내림 버튼을 내리면 꾸룩꾸룩 하며 공기가 들어오는 소리가 들리잖아? 기압으로 누르다 끝에 이르면 이젠 반대편에서 공기가 넘어와서 더 이상 누르는 힘이 작용하지 않는 거야. 그런 상태가 되면 변기 주위에 있던 물이 흘러나와 파이프와 변기 안의 물이 수평을 이루는 상태가 되서 더 이상 물이 흐르지 않게 되는 거란다.

화장실이 W.C.인 사연

음식점이나 레스토랑 등의 화장실에 가면 화장실 문 앞에 W.C.라는 이니셜을 써 놓은 경우가 있어. 도대체 W.C.가 뭐길래 화장실 문 앞에 써 놓은 것일까? W.C.는 water closet(워터 클로짓)의 줄임말이야. 여기서 'water'란 수세식을 뜻해. 영국의 소설가 존 해링턴이 수세식 변기를 개발하고 그것에 바로 워터 클로짓이라는 이름을 붙였거든. 해링턴은 수세식 변기에 물탱크와 물을 잠글 수 있는 잠금 밸브를 달았어. 물길을 열었다 잠갔다 하면서 물의 흐름을 맘대로 조절했지. 늘 수세식 변기를 사용하는 우리로선 그게 아무것도 아닌 것처럼 보여도 무언가를 제일 처음 생각해 낸다는 것은 쉬운 일이 아니란다. 해링턴이 수세식 변기를 만들게 된 이유는 엘리자베스 1세의 총애를 받기 위해서였다고 해. 누군가를 위해서 새로운 것을 만든 그 마음은 높이 사야 하겠지.

잉어 엄마, 똥물에서 길을 잃다

후유~, 한참 동안 아가들을 만들다 보니 힘들군.

잉순아, 고생했어.

잉잉이 녀석에게 방정할 기회를 뺏겼어.

보를 오를 때 내가 잉순이를 도와 줬어야 했는데….

그런데 이 물은 우리 아가들이 알에서 깨어나 살 수 있을 만큼 깨끗할까?

깨끗하고 말고. 사람들이 쓰고 버리는 생활하수는 하수도를 통해 하수 처리장으로 가서 정화되고 여기로는 한 방울도 흘러들지 않거든.

그럼 수세식 화장실의 정화조 물도 깨끗이 정화해서 흘려 보내나?

병균이 우글거리는 물을 그냥 개울로 흘려 보낸데.

야, 산모 충격 받으라고 그런 말은 왜 해?

그럼 우리 아기들이 병균이 우글거리는 물에서 자라야 한다는 거야?

다른 데서 흘러드는 깨끗한 물도 있으니 좀 나아질 거야.

그래 봤자 똥물이라는 거 아냐?

할 수 있나? 우리 잉어들이 어떻게 할 수 있는 일이 아니니.

이렇게 더러운 데서 아가들을 키우자고 꼬리를 내민 거야?

거 봐. 우리가 좀 더 상류로 가서 알을 낳자고 했잖아.

도시에 있는 하천이 다 거기서 거기지, 상류로 올라가면 뭐가 나아질 줄 알아? 그리고 여긴 우리가 태어난 고향이잖아.

그만들 해. 나도 고향에서 아기들을 키우고 싶어. 사람들이 우리 생각을 조금이라도 해서 오물을 개울물에 버리지 않기만 바라야지. 후유~.

166

수세식 변기의 단점

수세식 변기는 편하고 위생적으로 사용할 수 있다는 장점이 있지만 단점 또한 많아. 우선 똥이나 오줌을 누고 나서 물을 내릴 때 똥오줌과 함께 버려지는 물의 양이 엄청나게 많다는 거야. 한 사람이 한 번 변기의 물을 내릴 때마다 버려지는 물의 양은 적게는 8리터, 많게는 15리터나 돼. 똥오줌을 버리기 위해서 똥오줌의 양보다 수십 배나 많은 물을 써야 한다는 거지. 이런 물의 낭비를 줄이기 위해 변기 물탱크에 벽돌을 넣는다든가 오줌과 똥을 누고 내리는 물의 양을 각각 달리하는 방법을 쓰기도 하지. 하지만 세계의 많은 나라들이 물이 부족해서 고생하고 있다는 점을 생각하면 이런 방법은 물을 물 쓰듯이 펑펑 쓰는 물의 낭비이긴 마찬가지야.

또 다른 단점은 변기에서 내려간 물이 정화조로 가서 깨끗하게 정화되지 않은 채 하천으로 흘러 간다는 거야. 정화조에서는 똥만 정화조 밑으로 가라앉고 위의 말간 물은 간단한 정화 처리를 한 뒤 하천으로 흘러 나가는데 이 물은 그리 깨끗하지 않다는 얘기지. 이 물은 겉으론 맑아 보이지만 대장균이 우글거리고 있어서 병원균이 살 수 있는 좋은 조건을 만들어 준다는 말씀! 그러니까 수세식 변기가 위생적이라는 말은 화장실 안이라는 공간 안에서만 맞는 말이고, 결국 우리를 둘러싼 환경 전체를 온통 똥물로 만들어 버린다는 것은 생각지 못한 말이지.

그리고 똥을 거름으로 만들어 자원으로 활용할 수도 있는데 그럴 기회를 잃고 그대로 버려진다는 점이야. 물도 낭비하고 자연도 오염시키고 자원을 내다 버리니 수세식 변기는 편리함 말고는 뭐 하나 좋은 게 없네!

물이 내려가는
수세식 변기

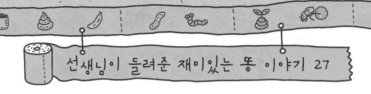

물 부족으로 신음하고 있는 지구촌

케냐와 같은 아프리카의 일부 국가에서는 물이 많이 부족해서 깨끗한 식수를 구하기는 하늘의 별따기라고 해. 깨끗한 물이 없어서 해마다 수백만 명이 수인성 전염병으로 죽어 가고 있어. 또 이집트, 사우디아라비아, 시리아, 요르단 같은 사막국가에서는 좀 더 많은 물을 끌어들이기 위해 고심하고 서로 다투기까지 하고 있어. UN국제인구행동연구소에서는 우리나라도 물 부족 국가로 분류했어. 물 부족의 문제를 다른 나라의 이야기처럼 생각할 일은 아니라는 얘기지. 지구는 70%가 물로 덮여 있는데 왜 이런 일이 벌어질까? 그건 염도가 높아서 먹을 수 없는 바닷물, 너무 멀리 있어서 끌어다 쓸 수 없는 빙하, 너무 깊은 곳에 있어서 퍼내어 쓸 수 없는 대수층의 물이 대부분이고 직접 사용할 수 있는 물은 얼마 되지 않기 때문이야. 게다가 세계 인구가 증가하면서 공업 용수, 농업 용수 등 물의 사용량이 많아지고 물도 많이 오염되었기 때문이지.

물을 길러 오는
어린아이들

물 부족 문제를 해결할 수 있는 가장 손쉬운 방법은 물을 아껴 쓰는 거야. 물을 아껴 쓰는 것만으론 부족하다면 부족한 물을 확보하기 위해 빗물을 알뜰살뜰 모으는 빗물 이용 시설을 설치하는 것도 있어. 그 외에도

빗물 이용 시설

물을 덜 오염시키기 위해 친환경적인 주방 세제를 사용하거나 수세식 변기의 단점을 보완한 변기를 사용하는 방법 등이 있어.

물 없는 화장실

물을 전혀 사용하지 않아도 되는 화장실이 있어. 물이 없으면 변기 안에 눈 똥과 오줌은 무엇으로 씻어 내리느냐고? 그건 오줌이야. 오줌을 물로 바꾼 뒤 그 물로 변기를 청소할 때 쓴단다. 물이 부족한 국가에서는 두 팔 벌려 반길 일이지. 특히 아프리카같이 물도 부족하고 가난한 나라는 더더욱 그렇겠지? 이 화장실은 수세식 변기의 가장 큰 단점을 해결한 셈이야. 하지만 아직은 어디에도 설치되진 않았고 몇 년 안에 생길 거래. 그 밖에 물을 지나치게 낭비하는 수세식 화장실의 단점을 없애려는 노력도 많아. 우리나라 전통 뒷간처럼 미생물을 이용해 똥오줌을 발효시키는 방법도 있고, 똥오줌을 그 자리에서 냉동시키는 방법, 똥오줌을 말린 다음 나쁜 균을 죽이는 방법 등 여러 가지가 있단다.

28. 항문에 대한 예의, 밑씻개

종혁이의 깨끗한 하루

어흥 집 화장실에서는 아무리 기다려도 소식이 없더니.

놀이터 화장실에서 싸고 가자!

놀이터 안 화장실.

끄응~, 끄응~, 끙~!

지각하지 않으려면 빨리 끝내야지.

어흥 휴, 휴지가 없어.

강철수 똥싸개 너나 잘 싸!

휭~!

책가방 안에도 휴지가 없는데 어쩌면 좋지?

뒤적 뒤적

아하 화장지 심지가 있었지.

화장지가 없던 옛날에는 짚으로 엮은 새끼줄로 밑을 닦았다는데 휴지 심을 풀어서 새끼줄처럼 만들어 보는 거야.

돌돌돌

이건 너무 가늘고 짧아서 똥을 다 닦을 수가 없겠어.

짠!

참, 나뭇잎을 밑씨개로 썼다고도 하던데.

에이~, 손이 안 닿네.

급한 대로 쓸려고 했더니만.

가만! 손이 닿았어도 문제지. 엉덩이에 풀독이라도 오르면 어째.

아하 저거다. 백제 사람들은 반질반질한 나무 막대기로 밑을 닦았다잖아.

화장실 빗자루

거칠거칠

꼬질꼬질

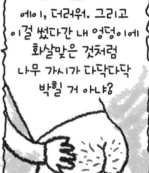

에이, 더러워. 그리고 이걸 썼다간 내 엉덩이에 화살맞은 것처럼 나무 가시가 다닥다닥 박힐 거 아냐?

멍멍!

할짝 할짝

내가 지금 무슨 상상을 하는 거야? 괜히 개한테 엉덩이를 내밀었다 고추를 물리면 어떡해.

왕!

저기요, 거기 누구 안 계세요?

꽝꽝

······

이젠 방법이 하나밖에 없어.

171

후유~, 겨우 해결했네.

?

어기적 어기적

구리 구리

야, 너 왜 똥 싸고 밑 안 닦은 사람처럼 어기적거리며 걸어?

나 밑 닦았거든. 사람을 뭘로 보고.

누가 뭐래? 얘는 농담 한번 한 걸 가지고 그러니?

나 농담할 기분 아니야. 먼저 간다.

그런데 너 왜 양말을 한 짝만 신었어?

어, 집에서 서둘러 나오느라 잊었나 봐.

에이~, 아닌 거 같은데. 너 혹시 양말로 밑 닦았냐?

얘가 지금 뭐래? '내가 너 같은 줄 알아? 자기가 양말로 밑을 닦으니까 남들도 그러는 줄 아냐?

알았어. 근데 네 가방이나 한번 봐. 거기 똥 묻은 양말 비어져 나와 있으니까.

저게 진짜, 사람을 놀려 먹어.

야, 똥 묻은 양말 가방에 넣고 다니면 냄새 난다.

우리나라 사람들은 무엇으로 밑을 닦았지?

밑씻개란 똥을 눈 다음 밑을 씻어 내는 도구를 말해. 밑은 똥이 나오는 곳인 항문을 말하는 거고. 지금은 밑씻개로 화장지를 쓰거나 비데에 앉아 물로 씻어 내지만 옛날엔 그런 것들이 없었어. 그래서 새끼줄을 밑씻개로 썼어. 양쪽에 박은 나무 기둥에 짚으로 엮은 새끼줄을 묶어 놓고 항문을 부비면서 왔다갔다 하며 뒤처리를 하는 방식이지.

또 뒷간 옆에 잎이 넓은 나무를 심어 놓고 그 나뭇잎으로 닦기도 했지. 새끼줄이나 나뭇잎으로 밑을 닦으면 그 재질이 너무 거칠어서 쓰기에 불편했을 거야. 백제 사람들은 반질반질한 나무 막대기를 밑씻개로 썼는데 그걸 평생 쓰려면 꽤 여러 개가 필요했을 거야. 그런데 그것을 일일이 다 만들기 어려웠을 테니 물에 씻어서 다시 사용하지 않았을까 싶어. 조선 시대 임금님은 명주 천을 썼다는데, 이 밑씻개는 아마도 세상에서 가장 비싼 화장지일 거야.

똥개도 밑씻개 역할을 했어. 아이가 똥을 싸면 똥개가 달려와서 그 똥을 먹고 엉덩이까지 싹 핥았지.

줄을 매어 놓고 밑을
닦는 모습의 아이 인형

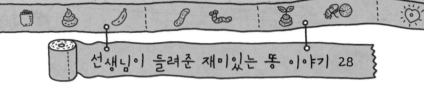

다른 나라 사람들은 무엇으로 밑을 닦았지?

종이를 발명한
채륜

밑씻개 용도로 화장지를 제일 처음 사용한 나라는 중국이야. 중국인이 세계에서 제일 처음 종이를 발명하더니 종이로 된 화장지도 역시 제일 처음 사용한 거지.

고대 그리스 인들은 납작한 돌을 밑씻개로 썼어. 똥이 마려울 때 갑자기 납작한 돌을 찾으려면 밑닦기에 딱 알맞은 돌을 쉽게 찾을 수 없었겠지. 그래서 늘 지니고 다녔단다.

고대 로마 인들은 그리스 인과는 반대로 아주 부드러운 밑씻개를 썼어. 바로 부드러운 헝겊을 이용했단다. 헝겊이 없는 가난한 사람들은 우리나라처럼 짚을 쓰거나 풀을 뜯어서 썼어.

현재 우리가 사용하는 화장지가 널리 쓰이기 전까지 사람들은 다양한 밑씻개를 사용했어. 전나무, 밀기울, 대마, 코코넛 껍질, 옥수수 자루, 삼, 끈 같은 것들이지.

밑을 닦는 데 밑씻개 없이 손가락을 사용한 나라도 있어. 인도인은 손가락으로 밑을 닦았고, 사막에 사는 사람들은 주변에 널린 모래를 손가락에 묻혀서 밑을 닦았지. 그런가 하면 밑씻개가 아예 필요 없는 사람들도 있었지. 주식이 고기인 이누이트 인들은 물기가 거의 없는 똥을 누기 때문에 굳이 밑을 닦지 않아도 된다고 해. 참 편할 것 같긴 한데, 좀 찜찜하진 않을까 몰라.

건강한 항문을 지키기 위한 습관

건강한 항문을 지키기 위해서는 우선 항문을 늘 깨끗하게 유지하는 게 중요해. 그러기 위해서는 똥을 눈 다음 항문에 똥 찌꺼기가 남아 있지 않도록 깨끗이 닦거나 잘 씻어야 하겠지. 똥을 누는 시간도 중요해. 너무 오랫동안 앉아서 똥을 누는 습관은 자칫하면 치질 같은 병이 생길 수도 있기 때문에 좋지 않아. 또 똥이 마려울 때는 참지 않고 곧바로 화장실로 가는 습관을 들이는 것이 좋아. 똥을 제때에 누지 않으면 나중에는 배변반사가 나타나지 않아서 자칫하면 변비가 생길 수 있으니까. 밤늦도록 책상에 앉아 공부를 할 때도 중간 중간 일어서서 가벼운 체조를 해 주어야 해. 먹는 것도 중요해. 채소와 과일 등 섬유질이 풍부한 음식을 먹는 것이 좋아. 그리고 맵고 짠 음식은 자주 먹지 않는 것이 좋아. 맵고 짠 음식은 소화도 잘 안 될뿐더러 항문 주위에 염증을 일으킬 수 있거든.

운동하는 사람들

홀대 받는 똥의 여행

난 세상 밖으로 나오자마자 여기까지 끌려온 거라 내 꿈이 뭔지 생각할 새도 없었어.

나는 꿈이 있었지만 정화조 속에서 1년 동안 있다 보니 꿈을 잃어 버렸어.

하긴 우리 같은 똥들에게 꿈이 다 무슨 소용있겠어?

우린 불 속에 던져지거나, 땅 속에 묻히거나, 바다에 버려지고 말 거야. 잘 해야 지렁이밥이 되는 거겠지.

아 똥만이 얘길 듣다 보니 내 꿈이 뭔지 알았어.

그게 뭔데?

여기서 빠져나가 똥이 대접 받는 세상으로 여행을 떠나는 거야.

그건 불가능해. 우리가 여길 어떻게 빠져나가?

잠깐? 지금 우리라고 했니? 그럼 똥순이 너도 나와 같은 꿈을 꾸는 거야?

실은 나도 여기서 빠져나갈 수만 있다면 너와 함께 여행을 떠나고 싶어.

나, 나도.

삽으로 우릴 퍼 간다.

야호, 바깥으로 나간다.

178

변기 속에 눈 똥은 어디로 가지?

화장실에서 똥을 누고 레버를 내리면 물에 섞인 똥은 정화조로 내려가. 정화조 안에서는 똥만 밑으로 가라앉고 위에 있는 물은 간단한 정화 처리를 거친 뒤에 하수도로 흘러들어 가. 똥 따로 물 따로 갈 길이 달라지는 거야. 그때부터 똥은 정화조 밑에서 다른 똥과 더불어 분뇨차가 와서 데려가 주기를 기다리지. 그런데 분뇨차는 아무 때나 오는 게 아니라 정화조가 가득 차야만 온단다. 그러니 똥은 정화조 속에서 가득 차기까지 1년 정도의 기간을 꼼짝없이 기다려야 하겠지.

분뇨차가 오면 긴 호스에 빨려들어 가 분뇨차에 올라타고 분뇨처리장까지 드라이브를 한단다. 분뇨처리장 안에는 많은 미생물들이 살아. 이 미생물들은 똥을 분해하는 역할을 하지. 여기서 똥에서 분리된 물은 강이나 바다로 흘려 보내지. 이때 바닥에 가라앉아 물과 분리돼 쌓인 똥은 진흙 같은 상태가 되는데, 이것을 슬러지라고 해.

똥이 슬러지 상태가 되면 그제서야 어디로 갈지 결정이 된단다. 타오르는 불길 속에 던져지거나, 깊은 땅속에 묻히거나, 멀리 있는 바다에 버려지기도 하지. 운이 좋으면 지렁이 밥이 될 수도 있어. 다른 건 다 환경을 오염시키지만 지렁이 밥이 되는 건 환경을 살리는 방법이기 때문에 똥이 가는 당당한 길이라 할 수 있지.

정화조

179

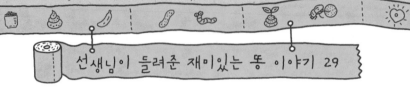
미생물을 이용해서 축산 폐수를 처리한다고?

미생물은 하도 작아서 우리가 맨눈으론 볼 수가 없어. 얼마나 작으냐 하면 0.1밀리미터보다 작아. 하지만 종류도 많고 숫자도 어마어마해. 그리고 이 어마어마하게

하천을 오염시키는
축산 폐수

많은 미생물들은 하는 역할도 어마어마하단다. 동물의 시체나 배설물에서부터 공장 폐수나 유조선에서 흘러나온 기름까지 먹어치우지. 그 덕에 세상이 깨끗하게 유지될 수 있는 거야. 미생물 중에는 똥을 잘 먹는 것들도 있는데, 간균이라는 미생물이 그것이야. 간균은 똥을 아주 잘 먹어서 똥을 깨끗하게 처리할 때 유용하게 쓰인단다. 축산 정화조 속에 간균을 집어넣고 가축의 배설물들을 먹게 하는 거야. 그냥 버리면 물과 흙을 오염시키지만 간균에게 먹게 하면 그럴 일이 생기지 않으니 정말 좋겠지!

똥이나 폐기물을 바다에 버리지 말자는 약속, 런던 협약

1972년, 유럽의 여러 국가들이 노르웨이 오슬로에서 모였어. 유럽의 북해가 오

염되었으니 더 이상 바다에 폐기물을 버리지 말자고 약속하기 위해서 말이야. 이 약속을 바탕으로 같은 해에 런던 협약이 맺어졌어. 해양 오염이 얼마나 심각한지 깨닫게 된 거지. 런던 협약은 1972년에 채택 되어 1975년부터 발효되었고, 우리나라는 1992년에 가입해 1994년에 효력이 발효됐어. 그런데도 여전히 바다에 버리는 일이 있다는구나. 바다가 더 오염될까 정말 걱정이야.

런던 협약

미생물을 이용해서 만드는 건강한 먹거리

　미생물은 축산 폐수의 처리뿐만 아니라, 몸에 좋은 음식을 만드는 데도 이용돼. 간장과 된장의 재료인 메주가 바로 그것이야.

　메주는 콩을 물에 불려 푹 삶은 다음 절구에 찧어서 네모지게 만들어 띄워 말린 거야. 그런데 잘 뜬 메주를 보면 흰색이나 노란색의 곰팡이가 잔뜩 피어 있어. 이렇게 메주에 달라붙은 곰팡이류, 효모류, 세균류 등의 다양한 미생물은 콩을 발효시키지. 발효 과정에서 콩에는 사람 몸에 좋은 여러 성분이 만들어지고 독특한 풍미도 생기지. 이 메주를 소금물에 넣어 발효시키면 간장이 되고, 이 간장에서 건져낸 건더기가 바로 된장이야. 간장과 된장으로 나누어 각각 항아리에서 계속 발효시키면 더욱 영양과 맛이 풍부한 간장과 된장이 되지.

똥싸개 고봉민과 빠지직 전기 똥

휘이이잉~

파도가 자질 않네.

엄마, 저기 봐요. 개똥 아저씨예요.

우르릉 쾅 쾅쾅

과학자라는 사람이 왜 이런 외딴 섬에서 똥이나 줍고 있는지.

사람들이 다들 미쳤다고 그래요. 얼마 전엔 갑수네 변소에서 똥을 가져가려다 갑수 할머니한테 쫓겨나기도 했대요.

미쳐도 어떻게 똥에 미치나, 쯧쯧쯧.

봉민이네 배가 가라앉는다!

이게 무슨 소리야?

어서 가 보자.

후다닥

?

!

배가 점점 가라앉고 있댕

기중기로 빨리 들어 올려야

아이구, 저걸 어째요

웅성 웅성

어떻게 된 거예요, 여보?

파도에 밀려 배가 부두에 부딪혀서 아래가 부서졌나 봐.

183

빨리, 기중기 켜라니까.

전기가 없어서 기중기를 움직이지 못해요.

저 배가 우리 전 재산인데 이걸 어째요

쯧쯧쯧, 하필 이럴 때 전기가 떨어져서 기중기를 쓰지 못하다니.

전기도 들어오지 않는 섬을 떠났어야 했어.

여가 전기 있어요!

후다닥

이게 누구야? 똥 줍는 미치광이 아냐?

척!

기중기가 움직인다!

드드드

위이이잉!

배가 올라온다!

덕분에 살았네, 고맙네, 고마워. 그런데 어디서 전기를 끌어 왔나?

그게… 개똥에서 끌어 왔죠.

개똥?

그게 무슨 개똥 같은 소리야?

개똥을 미생물로 발효시켜 가스를 만든 다음 그것을 태워서 전기를 만든 거지요.

그럼 그 동안 개똥을 모은 게 전기를 만들려고 그랬던 거예요?

예, 이 섬 같은 오지에서 가장 필요한 게 전기잖아요? 그래서 똥을 이용한 발전기를 연구하고 있었어요.

헉!

똥으로 전기를 만들다니 대단하네.

그것도 모르고 미친 사람으로 오해했네.

그럼 이젠 텔레비전도 보고 늦게까지 불 켜 놓고 책 읽어도 되는 거예요?

냉장고와 세탁기도 쓸 수 있겠네요?

아직 생산되는 전기 양이 많지 않아 온종일 쓸 수는 없어요.

그래요 그럼 언제나 전기를 필요한 만큼 쓸 수 있나?

곧 그렇게 될 수 있어요. 여러분이 똥만 많이 싸 주시면 말이죠, 하하하.

그거라면 걱정 마세요. 제가 동네에서도 소문난 똥싸개거든요.

와하하하~!

전기를 만드는 가축의 똥과 오줌!

우리말 속담에 '개똥도 약에 쓰려면 없다.'라는 말이 있어. 하지만 이젠 시대가 변해서 '개똥도 전기에 쓰려면 없다.'라는 말로 바뀔지도 몰라. 미국의 한 공원에서는 밤이 되면 강아지똥으로 공원의 가로등을 밝힌다고 해. 강아지와 공원을 산책하다 강아지가 똥을 누면 그걸 배변 봉투에 넣어 집으로 가져가지 않고 공원 안의 특수 장치에 넣지. 이 특수 장치에서 강아지똥을 전기로 만들어 공원을 밝힌다니 정말 재미있으면서도 의미 있는 일이야.

물론 농가에서 키우는 소나 돼지의 똥과 오줌으로도 전기를 만들 수 있어. 그럼 어떻게 가축의 똥과 오줌으로 전기를 만드는 걸까? 그 열쇠는 발효에 있단다. 그것도 미생물에 의한 발효지. 가축의 똥과 오줌을 발효시키면 메탄가스를 얻을 수 있는데, 이 메탄가스가 바로 전기를 만드는 원료가 되는 거지.

그러니까 이젠 가축의 똥과 오줌은 냄새도 지독한 데다가 환경을 오염시키는 골치 아픈 존재만은 아니란다.

바이오 가스 침지기

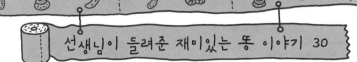

똥으로 환경 친화적인 퇴비를 만든다

소나 돼지의 똥과 오줌으로 전기를 만들고 남은 찌꺼기는 또 다시 활용할 수가 있어. 땅을 기름지게 할 수 있는 퇴비를 만들지. 똥으로 만든 퇴비는 화학 비료와는 달리 환경 친화적인 물질이야. 화학 비료는 농산물을 잘 자라게는 하지만 대신 환경을 오염시키지. 화학 비료는 땅속의 작은 생물들을 죽이고 바다까지 흘러들어 바다 생물들에게도 나쁜 영향을 줘. 하지만 똥으로 만든 퇴비는 오히려 환경을 살린단다. 땅속 작은 생물들이 살아갈 수 있는 좋은 환경을 만들어 결국 땅도 비옥해지고 농산물도 잘 자라게 되는 거야.

온실가스를 줄이는 바이오 가스

살아 있는 생물에 의해 만들어진 가스를 바이오 가스라고 해. 미생물이 똥을 발효시켜 만드는 메탄가스처럼 말이야. 사람들은 그 메탄가스를 이용해 전기를 만들어. 자연 상태에서 똥과 오줌이 부패하면 거기서 발생한 메탄가스와 이산화탄소가 대기 속으로 들어가. 그런데 메탄가스와 이산화탄소는 대표적인 온실가스로, 지구 온난화의 주범으로 알려져 있어. 하지만 오줌과 똥을 바이오 가스 생산 기술을 사용해서 온실가스를 제어하면, 이산화탄소의 발생을 줄이고, 메탄가스는 에너지 자원으로 사용할 수 있어. 환경을 오염시키는 골칫덩어리가 농작물을 살리는 퇴비로, 어둠을 밝히는 무공해 에너지로 다시 태어나니 그야말로 꿩 먹고 알 먹는 복덩어리인 셈이지.

※이 책에 쓰인 사진의 저작권을 표시합니다. 각각 표시 중 ⓘ는 저작자 표시,
  ⊜은 변경 금지, ↻는 동일조건 변경허락 등을 의미합니다.

1장
공룡 똥 화석, 분석(SOMEBODY 3LSE, ⓘ)

2장
간과 쓸개 사진 혹은 시금치와 토마토 등 초록색 채소와 붉은색
채소
시금치(desegura89, ⓘ) / 토마토(burgundavia, , ↻ ⓘ)

3장
강아지와 산책하는 사람들(Clara S., ⓘ)
배변중인 강아지들(holisticmonkey, ⓘ)

4장
바나나(24oranges.nl, ⓘ, ↻)

6장
이집트의 장신구(joebeone, ⓘ)

8장
호랑이(richcollins77, ⓘ) / 사자의 똥(jkirkhart35, ⓘ)
사자(_tbw_, ⓘ, ↻)

9장
풀을 먹는 소(foxypar4, ⓘ) / 양의 이빨(sbeam, ⓘ, ↻)
소가 눈 똥(Starr Environmental, ⓘ) / 토끼(Tomi Tapio, ⓘ)

10장
고릴라(Scott_Calleja, ⓘ) / 반달가슴곰(ahisgett, ⓘ)
원숭이(epSos.de, ⓘ) / 한식 밥상(Julie Facine, ⓘ, ↻)

11장
열매를 먹는 새(wwarby, ⓘ)
열매를 먹는 원숭이(Luca Venturi Oslo, ⓘ)
겨우살이(joedecruyenaere, ⓘ, ↻)
도토리 먹는 다람쥐(sidewalk flying, ⓘ)

12장
코알라(TheGirlsNY, ⓘ, ↻)
풀을 뜯는 소(mindfrieze, ⓘ, ↻)

14장
호랑이 똥(travelwayoflife, ⓘ, ↻)

15장
쇠똥구리(Andi Gentsch, ⓘ, ↻) / 소(feral arts, ⓘ)
소똥(Starr Environmental, ⓘ)

16장
고구마(Mike Licht, NotionsCapital.com, ⓘ)
계란(vanessa lollipop, ⓘ, ↻) / 우유(NickPiggott, ⓘ)
콩(eurleif, ⓘ, ↻)

17장
방귀 금지 표시(ab9kt, ⓘ) / 스컹스(gamppart, ⓘ)

19장
추운 겨울 거리를 걷는 사람들(Ktoine, ⓘ, ↻)

20장
땀 흘리는 사람(jetportal, ⓘ)
공포 영화 포스터(jjeesssssiiccaa, ⓘ)

21장
손으로 밥을 먹는 이슬람 사람들(Zlerman, ⓘ, ↻)

23장
거름(DBduo Photography, ⓘ, ↻)

24장
서양 요강(Marion Doss, ⓘ, ↻)
폐유를 이용한 친환경 비누(kahvikisu, ⓘ)

25장
콜레라 예방교육을 받는 사람들(IDVMedia, ⓘ)

26장
모헨조다로 유적(Comrogues, ⓘ)

27장
물이 내려가는 수세식 변기(Sustainable sanitation, ⓘ)
물을 길러 오는 아이들(Rod Waddington, ⓘ, ↻)
빗물 이용 시설(DFAT photo library, ⓘ)

28장
채륜(public domain)
운동하는 사람들(USAG-Humphreys, ⓘ)

29장
정화조(cobaltfish, ⓘ, ↻) / 축산 폐수(Alan Liefting, ⓘ)
런던 협약(imo.un, ⓘ)

30장
바이오 가스 침지기(Sustainable sanitation, ⓘ)

아래 사진은 수원시 화장실문화 전시관 해우재(www.haewoojae.com)에 전시된 조형물을 작가 노하선이 촬영한 것입니다.
도움 주신 해우재에 감사드립니다.

11쪽 옛날 화장실 / 12쪽 똥 조형물 / 18쪽 똥 누는 아이 조형물 / 84쪽 제주도의 전통 화장실, 돗통시 /
121쪽 이불에 오줌을 싸고 키를 쓴 아이 / 138쪽 옛날 화장실 / 139쪽 매화틀과 매화그릇 / 144쪽 똥장군 / 145쪽 거름지게 /
149쪽 고대 로마 화장실 / 149쪽 백제의 남성용 요강, 호자 / 150쪽 우리나라 요강 / 173쪽 줄을 매어 놓고 밑을 닦는 모습의 아이 인형